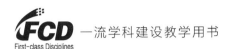

一流学科建设教学用书

U0381381

能源与动力工程专业实验指导教程

（第二版）

廖丽芳　　陆志艳　主编

华东理工大学出版社
EAST CHINA UNIVERSITY OF SCIENCE AND TECHNOLOGY PRESS

·上海·

图书在版编目(CIP)数据

能源与动力工程专业实验指导教程 / 廖丽芳，陆志艳主编. -- 2 版. -- 上海：华东理工大学出版社，2024.7. -- ISBN 978-7-5628-7550-5

Ⅰ. TK-33

中国国家版本馆 CIP 数据核字第 2024J634S4 号

项目统筹 / 马夫娇

责任编辑 / 马夫娇

责任校对 / 陈婉毓

装帧设计 / 徐　蓉

出版发行 / 华东理工大学出版社有限公司

　　　　　地址：上海市梅陇路 130 号,200237

　　　　　电话：021 - 64250306

　　　　　网址：www.ecustpress.cn

　　　　　邮箱：zongbianban@ecustpress.cn

印　　刷 / 南通印刷总厂有限公司

开　　本 / 787 mm×1092 mm　1/16

印　　张 / 12.5

字　　数 / 292 千字

版　　次 / 2017 年 9 月第 1 版
　　　　　2024 年 7 月第 2 版

印　　次 / 2024 年 7 月第 1 次

定　　价 / 38.00 元

第二版前言

　　能源化工是我校的特色学科专业之一。我校能源与动力工程专业多年来为国家建设培养输送了大批能源转化和化工领域的高级工程技术人才,为清洁能源技术的进步和应用做出了重要贡献。我校能源与动力工程专业于 2019 年入选国家级一流本科专业建设点,并于 2022 年顺利通过工程教育专业认证。在此背景下,我校能源与动力工程教学实验室进行了一系列建设改造,并在中央高校改善基本办学条件专项资金及学校和学院资金的大力支持下,陆续新增了较多的综合设计型、探索型实验项目和虚拟仿真实验项目,整体提升了我校能源与动力工程专业实验的教学质量。专业实验是专业知识体系中必不可少的重要组成部分,为巩固和加深课堂教学内容、培养学生动手能力、深化学习专业知识和从事科学研究奠定基础。2017 年出版的第一版教材内容已不能完全满足与时俱进的教学要求,因此我们对第一版教材进行修订与再版,新版教材更全面系统地关联现代能源转化技术及其发展应用,为高质量完成能源与动力工程专业的实验教学环节提供重要保障。

　　较第一版而言,第二版对第一篇和第二篇的内容进行了详细的修订,对第三篇的实验项目进行了调整,并新增第四篇能源转化系统及其仿真实验部分。本书包括四大篇,即专业基础实验、专业实验、专业综合提高实验、能源转化系统及其仿真实验,共计 29 个实验。全书由廖丽芳、陆志艳主编,参与编写的人员还有孙贤波、邱恺培、许建良、黄胜、吴诗勇、张素平、高云飞、周易、许庆利、刘霞、赵辉、沈中杰、龚岩、郭庆华、王兴军、夏梓洪、苗雨、赵丽丽、鄢博超等人,最后由廖丽芳统稿,陆志艳校勘。

　　在本书的编写过程中,编者参阅并引用了许多国内外有关文献和资料,还得到了华东理工大学教务处和资源与环境工程学院的指导和帮助,在此一并表示衷心的感谢。

　　由于编者水平有限,书中疏漏和不当之处恳请各位专家和读者批评指正。

编者

2024 年 4 月

第一版前言

　　能源化工是我校的特色学科专业之一,能源与动力工程专业多年来为国家建设培养、输送了大批能源转化和化工领域的高级工程技术人才,为清洁能源技术的进步和应用作出了重要贡献。专业实验是专业知识体系中必不可少的重要组成部分,对巩固和加深课堂教学内容、培养学生动手能力、深化学习专业知识和从事科学研究奠定了基础。为适应教学改革不断深入的需要,我们在教学实践的基础上,编写了与能源与动力工程专业课程配套的实验教材。本书围绕煤质及生物质分析及工艺性质测定、热工测试技术试验、制冷技术试验、传热学及燃烧学等相关内容设置实验,是化工特色方向能源与动力工程专业的典型教材。

　　本书在保持原有能源转化优势特色的基础上,新增了与能源转化新技术、新工艺相关的教学实验项目,更全面系统地关联现代能源转化技术及其发展应用,为高质量完成能源与动力工程专业的实验教学环节提供了重要保障。本书适合能源与动力工程专业的本科生、研究生使用,同时可作为实验课程设计、校内实训和创新实验的实验指导书,也可供从事能源转化行业的专业人士使用和参考。

　　全书内容包括三大篇,即专业基础实验、专业实验和专业综合提高实验,共计 28 个实验。全书由廖丽芳、陆志艳主编,参与编写的人员还有吴幼青、张素平、鲁锡兰、黄胜、吴诗勇、许庆利、吴亭亭、刘霞、赵辉、许建良、龚岩等人,最后由廖丽芳统稿,陆志艳校勘。

　　在本书的编写过程中,编者参阅并引用了许多国内外有关文献和资料,还得到了华东理工大学资源与环境工程学院的指导和帮助,在此一并表示衷心的感谢。

　　由于编者水平有限,时间仓促,书中错漏和不当之处在所难免,恳请各位专家和读者批评指正。

编者

2017 年 6 月

目　　录

第一篇

能源与动力工程专业基础实验

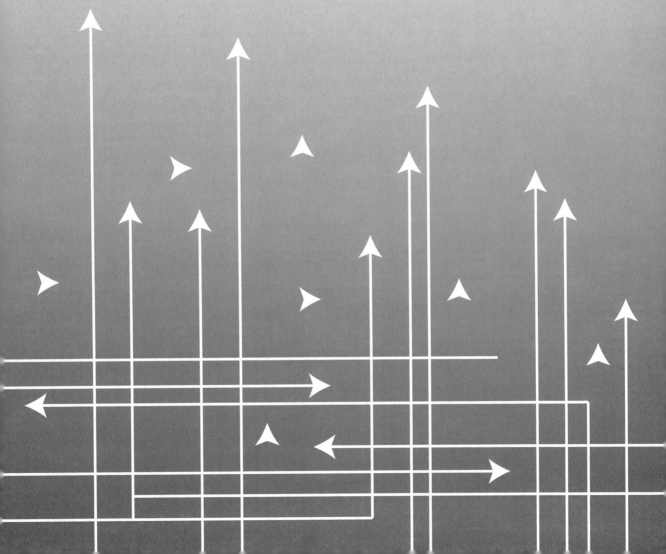

实验一　导热系数测定

一、实验目的

导热系数是表征物质热传导性质的物理量。测量导热系数的方法一般分为两类：一类是稳态法；一类是动态法。在稳态法中，先利用热源在待测样品内部形成一个稳定的温度分布，然后进行测量。在动态法中，待测样品温度分布是随时间变化的。本实验应用稳态法测量不良导体的导热系数。

二、基本原理

DRL-Ⅲ型真空热流法导热系数测定仪以稳定导热原理为基础，在稳定状态下，单向热流垂直流过试样，通过测量试样上、下两导热杆6个点的温度、有效传热面积和厚度，即可计算试样的导热系数。导热系数测定原理如图1-1所示，在热端布置两个热电偶1和2，在冷端布置两个热电偶3和4。

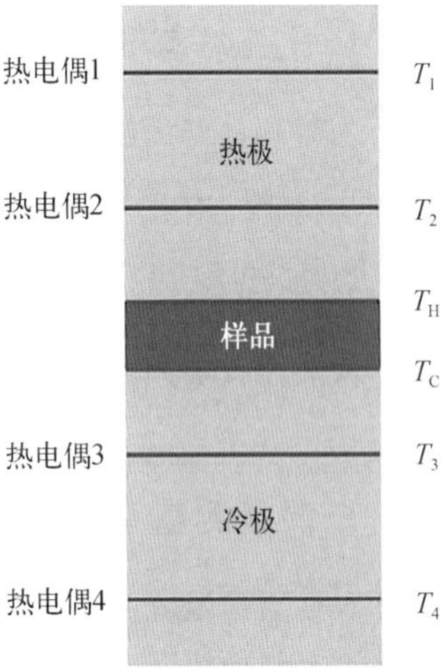

图中左侧标注：热电偶1　T_1；热极；热电偶2　T_2；样品　T_H　T_C；热电偶3　T_3；冷极；热电偶4　T_4

图1-1　导热系数测定原理图

1. 热流值计算

$$Q_{12} = \lambda_1 \times A \times (T_1 - T_2)/d_A;$$
$$Q_{34} = \lambda_2 \times A \times (T_3 - T_4)/d_C; \qquad (1-1)$$
$$Q = (Q_{12} + Q_{34})/2$$

式中，Q_{12}为热极热流值，W；Q_{34}为冷极热流值，W；Q为平均热流值，W；A为通过热流面积，m^2；λ_1、λ_2分别为热极、冷极压杆导热系数，$W/(m \cdot K)$；$T_1 - T_2$为热极温差，K；$T_3 - T_4$为冷极温差，K；d_A为热电偶1和热电偶2的距离，m；d_C为热电偶3和热电偶4的距离，m。

2. 与样品接触热极表面温度计算

$$T_H = T_2 - d_B(T_1 - T_2)/d_A \qquad (1-2)$$

式中，d_B为热电偶2与上热端面间的距离，m。

3. 与样品接触冷极表面温度计算

$$T_C = T_3 + d_D(T_3 - T_4)/d_C \qquad (1-3)$$

式中,d_D为热电偶 3 和下热端面间的距离,m。

4. 总热阻计算

$$\theta = A(T_H - T_C)/Q,\ (K \cdot m^2/W) \tag{1-4}$$

5. 导热系数计算

$$\lambda = d/(\theta - \theta_0),\ [W/(m \cdot K)] \tag{1-5}$$

式中,θ_0 为热极与冷极之间的表面接触热阻,为一个极小值,其值与样品、压力计面积有关,可通过软件设置并自动校正。

三、仪器装置

根据稳态导热原理建立的导热系数试验装置由上压杆与下压杆、加热器、温度测量系统、抽真空装置、水冷却装置、加压装置、测厚传感器和控制电脑 8 部分组成。

1. 上压杆与下压杆

由导热良好的纯铜棒组成,上压杆上端连接加热器,下端压紧试样;下压杆上端顶住试样,下端连接水冷却装置,在上压杆与下压杆上分别固定有温度探头,用于测量热流量。

2. 加热器

加热器直接固定在上压杆上端,通过高温电阻丝对上压杆加热到设定温度,并保持温度恒定。

3. 温度测量系统

温度测量系统由 7 块温度表和 7 支热电偶组成,其中 6 个检测上压杆与下压杆的温度,一个检测控制加热器温度。

4. 抽真空装置

负责对容器抽真空,使试验在真空环境下进行,确保精度。

5. 水冷却装置

使下压杆的下端温度保持稳定。

6. 加压装置

负责给试样施加不同的预压力。

7. 测厚传感器

检测试样在施加不同的预压力情况下的厚度变化。

8. 控制电脑

负责实验数据的检测,实验控制和实验数据的计算与保存。

四、实验步骤

1. 样品的预处理

(1) 对于片状样品,需预先打磨成直径为 30 mm 的圆片,厚度不宜超过 3 mm。

(2) 对于粉末状样品,需预先用压片机压制成直径为 30 mm、厚度为 1～3 mm 的圆片。

2. 位移和压力清零

(1) 打开仪器开关,在计算机上点击"导热系数测试程序",进入测试界面。

(2) 取下真空罩,在测试页面点击"位移清零",拨动钮子开关,确保上下杆紧密接触后,再点击弹出框"是";在测试页面点击"压力清零",拨动钮子开关,确保上下杆分开后,再点击弹出框"是"。

3. 仪器标定

用已知导热系数的石英片进行标定。

(1) 向保温桶内装满冰水混合物,将热电偶插入其中。

(2) 连通冷却水,保证出水管有水流流出。

(3) 在标准样品两面涂上导热脂,打开真空罩,将标准样品放置在上压杆、下压杆之间进行合轴装配,注意压力指示不要超过 200 N。

(4) 在厚度面积输入栏,选择"自动测量厚度";在压力设置栏,选择"手动加载",然后点击"确定"即可。相应窗口显示样品的实际压力、厚度和面积。

(5) 点击"设备标定",输入标样导热系数参考值[1.35 W/(m·K)],将设备标定值改为"1"后,点击"应用",显示提示后点击"确定"即可。

(6) 盖上真空罩,关闭仪器侧面的进气阀门(手柄为垂直方向),开启抽真空阀门(手柄为水平方向),启动真空泵抽真空。

(7) 在温度栏,设置好温度(40～80℃),电脑显示"热极温度已设置好"后,打开加热开关,点击"加热启动",开始自动升温。

(8) 当达到设置温度且稳定一定时间后,点击"开始实验",电脑自动测试 3 次,如 3 次偏差在设置的范围内,则弹出 Excel 文件,显示结果值,这时再点击"设备标定",把"结果数据"栏中实测的"导热系数值"输入"设备标定"中的"标样实测值"中,点击"计算",得到校正系数,再点击"应用",显示提示后点击"关闭"即可。

(9) 标定完成后,再用标准样品测试一次,当温度稳定后,点击"开始实验",测试完检查结果值是否和标定值相符。若偏差较大,则重新标定。

4. 样品测试

样品测试方法和仪器标定方法相同,不用进入设备标定窗口,样品测试完成后,点击"数据保存",输入样品名称、编号,点击"确定",点击"生成报表",即可保存和查询数据。

实验结束后,点击"退出系统",关闭计算机和设备,用干净的布擦拭上下压杆,倒掉保温桶中的水,关闭水龙头。

五、注意事项

1. 熟悉仪器各附件设备的使用方法。
2. 当外电源波动较大时,应进行二次稳压。
3. 定期用标样进行标定,保证测试精度。

六、思考题

1. 应用稳态法是否可以测量良导体的导热系数?
2. 如果可以,对实验样品有什么要求?
3. 实验方法与测不良导体有什么区别?

实验二　粉体摩擦特性测试

一、实验目的

1. 了解粉体摩擦角的测量原理,认识粉体的摩擦特性规律及其影响因素。

2. 学会使用直剪仪测定粉体的抗剪强度,通过线性回归的方法,得到内摩擦角或壁摩擦角。

二、基本原理

1. 粉体的摩擦特性

粉体的力学行为和流动特征是粉体储存、给料、输送、混合等单元操作及其装置设计的基础,粉体流动即颗粒群从运动状态变为静止状态所形成的角,是表征粉体流动状况的重要参数。这种由颗粒之间的摩擦力和内聚力而形成的角称为摩擦角。根据颗粒运动状态的不同,摩擦角可以分为内摩擦角、安息角、壁摩擦角及运动摩擦角。

内摩擦角是粉体与粉体之间的摩擦角。粉体层受力较小时,其外观不会发生什么变化。这是由于摩擦力具有相对性,相对于作用力的大小产生了克服它的应力,这两种力是保持平衡的。然而当作用力的大小达到某一极限时,粉体层会出现突然崩坏,这种崩坏前后的状态称为极限应力状态。它由一对压应力和切应力组成,也就是说若在粉体层任意加一垂直于该面的压应力 σ 并逐渐增加该层的切应力 τ,当切应力 τ 达到某一值时,粉体将沿该面滑移。摩擦角 φ 即表示该极限应力状态下切应力和正应力的关系。

粉体的抗剪强度是指在外力的作用下,粉体的一部分对另一部分产生相对滑动时所具有的抵抗剪切破坏的极限强度;对于库仑粉体,其抗剪强度可用库仑公式来表达:

$$\tau = \sigma \, \mathrm{tg} \, \varphi + C \tag{2-1}$$

式中,τ 为抗剪强度,kPa;σ 为作用于剪切面上的压应力,kPa;φ 为内摩擦角,(°);C 为内聚力,kPa。

壁摩擦角是粉体与壁面之间的摩擦角,具有重要的实用特性。壁摩擦角的测量方法和内摩擦角的测量方法完全一样。

可见通过设定不同的压应力 σ,测定相应的抗剪强度 τ,通过线性回归即可得到所需的摩擦角。因此通过剪切实验测量粉体的内摩擦角、壁摩擦角以及内聚力,可以获得粉体的流动物性参数,从而为科学研究和工程应用提供有关粉体物性的基础数据。

2. 电动直剪仪的基本原理和结构

直剪仪剪切实验是用来测粉体抗剪强度的一种常用方法。实验的原理是根据库仑定律,粉体的抗剪强度与剪切面上的法向压应力呈线性关系。

在实验室内通常分别在不同的垂直压力下,施加水平剪切力进行剪切,测得剪切破坏时的最大剪应力,然后根据库仑定律确定粉体的抗剪强度指标:内摩擦角 φ 和内聚力 C。目前,采用直剪仪来测量粉体的摩擦角已成为一种通用方法。

电动直剪仪由剪切盒(4)、垂直加压框架(5,12 - 17)、测力计(7,8)、推动机构(1 - 3,19)、百分表等主要部分组成,如图 2 - 1 所示。

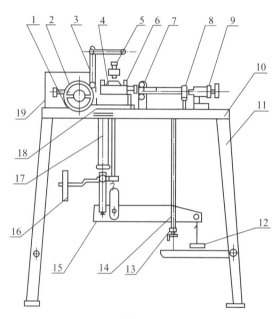

图 2 - 1 直剪仪结构简图

1—推动座;2—手轮甲;3—插销;4—剪切盒;5—传压螺钉;6—螺丝插销;7—量力环轴承;
8—量力环部件;9—锁紧螺母;10—底板;11—支架;12—吊盘;13—手轮乙;14—立柱;
15—杠杆;16—平衡锥;17—接杆;18—滑动框;19—变速箱

三、实验内容

学会使用直剪仪测量粉体的抗剪强度,并通过数据处理和分析得到粉体的内摩擦角,了解影响粉体摩擦角的主要因素。

四、操作步骤

1. 仪器使用时,先校准杠杆水平。

2. 放入粉体:对准上下盒,插入固定销。在下盒内放透水板,再放入一定量的需要测量的粉体。把试样抚平后将顶盖轻轻地平压在试样上。

3. 调整量力环,使百分表对零。

4. 施加垂直压力,各级垂直压力通过砝码轻轻施加。

5. 待试样达到稳定状态后,拔去固定销,以均匀速率转动手轮进行剪切。当百分表指针不再前进或有显著后退时,表示试样已剪损,记下所需数据。

6. 剪切结束后,尽快移去垂直压力、框架、加压盖板等。取出试样,准备下一次剪切。各压力等级下的剪切实验重复三次,尽量保证每次实验条件一样,记录所需数据并取其平均值,如有大的偏离数据应再补充实验。

五、实验数据处理

1. 计算

按式(2-2)计算试样剪损时的抗剪强度:

$$\tau = CR \qquad\qquad (2-2)$$

式中,C 为测力环系数,kPa/0.01 mm;R 为测力计读数,mm;τ 为试样的抗剪强度,kPa。

2. 制图

以抗剪强度 τ 为纵坐标、垂直压力 σ 为横坐标,绘制两者的关系曲线;通过线性回归,得出直线的正弦值 $\tan\varphi$,φ 即为内摩擦角,截距即为内聚力 C。

六、原始数据记录

将实验数据填入表 2-1 中。

表 2-1　粉体摩擦特性测试数据记录表

测力环系数 $C=$ ＿＿ kPa/0.01 mm　　实验室温度:＿＿℃　　试样断面积 A_0:＿＿cm²
实验日期:＿＿＿＿＿　粉体名称:＿＿＿＿　杠杆比:＿＿＿＿

垂直压应力 σ/kPa	剪损时百分表读数/0.01 mm	抗剪强度 τ/kPa	抗剪强度平均值 τ/kPa

垂直压应力 σ/kPa	剪损时百分表读数/0.01 mm	抗剪强度 τ/kPa	抗剪强度平均值 τ/kPa

最终结果：内摩擦角 $\varphi=$＿＿＿＿＿＿　　　内聚力 $C=$＿＿＿＿＿＿

七、思考题

1. 影响粉体摩擦角的因素主要有哪些？

2. 为什么要对粉体的摩擦角进行测量？

实验三 煤或固体生物质燃料的工业分析

实验 3.1 煤或固体生物质燃料中水分的测定

一、实验目的

了解煤或固体生物质燃料中水分的存在形态,掌握分析和测定煤或固体生物质燃料水分的方法。

二、基本原理

煤或固体生物质燃料中水分的结合状态有两种:一种为游离水,是指以机械的方式吸附或者附着在煤或固体生物质燃料表面上的水分;另一种为化合水,是指与生物质矿物相结合的水分,也就是无机化合物的结晶水。游离水按它所附着的煤或固体生物质燃料的不同结构状态,又可分为外在水分和内在水分。前者是煤或固体生物质燃料在开采、运输、贮存时附着在外表面及大毛细孔(直径大于 10^{-5} cm)中的水分。后者则是吸附或凝聚在煤或固体生物质燃料内表面的毛细孔(直径小于 10^{-5} cm)中的水分。

游离水在温度稍高于 $100℃$ 的状态下,经足够时间的加热即可全部除去,而化合水则要温度在 $200℃$ 以上才能分解析出。

水分测定最常用的是间接测定法,即将已知一定质量的煤或固体生物质燃料放在一定温度下干燥到恒重,试样所减少的质量即为试样的水分质量。

国标(GB/T 212 - 2008、GB/T 28731 - 2012)中规定了煤或固体生物质燃料的两种水分测定方法,这两种方法适用于褐煤、烟煤、无烟煤、水煤浆和固体生物质燃料。其中方法 A 适用于所有煤种,方法 B 仅适用于烟煤和无烟煤。对于固体生物质燃料,若其在 $(105\pm2)℃$ 易于氧化,则选方法 A。

三、测试方法

方法 A 通氮干燥法

1. 方法提要

称取一定量的空气干燥煤样或固体生物质燃料样品,置于 $105℃$ 干燥箱内,在干燥氮气流中将样品干燥到质量恒定。然后根据样品的质量损失计算出水分的质量百分数。

2. 仪器设备

（1）鼓风干燥箱：箱体严密，具有较小的自由空间，有气体进、出口，并带有自动调温装置，能保持温度在 105℃。

（2）干燥器：内装有变色硅胶或块状无水氯化钙干燥剂。

（3）玻璃称量瓶：其主要尺寸如图 3-1 所示，附有密合的（磨口）盖。

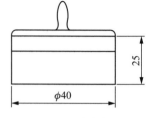

图 3-1　小型玻璃称量瓶
（单位：mm）

（4）分析天平：精确到 0.000 2 g。

（5）干燥塔：容量 250 mL，内装干燥剂。

（6）流量计：量程为 100～1 000 mL/min。

3. 试剂

（1）氮气：纯度 99.9%，含氧量小于 0.01%。

（2）无水氯化钙：化学纯，粒状。

（3）变色硅胶：工业用品。

4. 分析步骤

在预先干燥和已称量过的称量瓶内称取粒度小于 0.2 mm 的空气干燥煤样或达到空气干燥状态的粒度小于 1 mm 或更小粒度的固体生物质燃料试样(1±0.1)g，称准至 0.000 2 g，平摊在称量瓶中。

打开称量瓶盖，放入预先通入干燥氮气并已加热到 105℃ 的干燥箱中，烟煤干燥 1.5 h，固体生物质燃料、褐煤和无烟煤干燥 2h。在称量瓶放入干燥箱前 10 min 开始通氮气，氮气流量以每小时换气 15 次为准。

从干燥箱中取出称量瓶，立即盖上盖，放入干燥器中冷却至室温（约 20 min）后称重。进行检查性干燥，每次 30 min，直到连续两次干燥试样质量的减少不超过 0.001 0 g 或质量增加时为止。在后一种情况下，以质量增加前一次的质量为计算依据。煤样中水分含量在 2.00% 以下时不再进行检查性干燥。

方法 B　空气干燥法

1. 方法提要

称取一定量的空气干燥煤样或固体生物质燃料样品，置于 105℃ 干燥箱内，于空气流中干燥到质量恒定。根据样品的质量损失计算出水分的质量百分数。

2. 仪器设备

（1）鼓风干燥箱：带有自动调温装置，内附鼓风机能保持温度在 105℃。

（2）干燥器：内装有变色硅胶或块状无水氯化钙干燥剂。

（3）玻璃称量瓶：其主要尺寸见图 3－1。

（4）分析天平：精确到 0.000 2 g。

3. 分析步骤

用预先烘干并称出质量（称准到 0.000 2 g）的带盖的玻璃称量瓶，称取粒度小于 0.2 mm 的空气干燥煤样或达到空气干燥状态的粒度小于 1 mm 或更小粒度的固体生物质燃料试样（1±0.1）g（称准到 0.000 2 g），平摊在称量瓶中。然后把盖开启，将玻璃称量瓶放入预先鼓风并加热到温度为 105℃的干燥箱中，在不断鼓风的条件下，烟煤干燥 1 h，无烟煤干燥 1.5 h，固体生物质样品干燥 2 h，从干燥箱中取出称量瓶并加盖，放入干燥器中冷却至室温（约 20 min）再称重。然后进行检查性干燥，每次 30 min，直到试样的质量变化小于 0.001 0 g 或质量增加时为止。在后一种情况下要以增重前的质量为计算依据。煤样中水分含量在 2.00％以下时不再进行检查性干燥。

四、数据记录及结果计算

1. 水分测定数据记录（表 3－1）

表 3－1　A/B 法测定煤或固体生物质燃料中水分

称量瓶重/g			
试样＋称量瓶重/g			
样品重 m/g			
干燥后试样 ＋ 称量瓶重/g	第一次干燥		
	第二次干燥		
	第三次干燥		
测得试样中水分重 m_1/g			

2. 结果计算

$$M_{ad} = \frac{m_1}{m} \times 100\% \qquad (3-1)$$

式中，M_{ad} 为分析试样水分的质量分数，％；m_1 为分析试样干燥后失去的质量，g；m 为分析试样质量，g。

水分的质量分数修约到小数后二位。

3. 煤或固体生物质燃料中水分测定结果的精密度(表 3 - 2)

表 3 - 2　煤或固体生物质燃料中水分测定结果的重复性限

水分 M_{ad}/％	重复性限/％
＜5.00	0.20
5.00～10.00	0.30
＞10.00	0.40

注：固体生物质燃料试样水分测定的重复性限为 0.15％。

五、注意事项

1. 为了使干燥箱的温度均匀和稳定,在放入样品前,干燥箱必须预先鼓风,并在鼓风条件下调节所需温度。

2. 褐煤、自然氧化或风化烟煤中的水分测定：称取一定量的试样于温度为(145±5)℃的干燥箱内在一直鼓风的条件下干燥 1 h,从干燥箱中取出称量瓶,立即盖好盖子,在空气中冷却 2~3 min 后,放入干燥器中冷却到室温(约 25 min)称重,其所失去的质量占试样原质量的百分数即为水分含量。

3. 凡需根据水分测定结果进行校正和换算的分析试验,应和水分测定同时进行,如不能同时进行,两者测定也应在煤样水分不发生显著变化的期限(最多不超过 7 天)内进行。

六、思考题

1. 为什么不同变质程度的煤要用不同的测定条件？
2. 实验测得的水分与煤样、生物质样品的真实水分有什么差别？

附录：煤中全水分的测定方法

在氮气流中干燥的方式(方法 A1 和方法 B1)适用于所有煤种;在空气流中干燥的方式(方法 A2 和方法 B2)适用于烟煤和无烟煤;微波干燥法(方法 C)适用于烟煤和褐煤。以方法 A1 作为仲裁方法。

1. 方法 A(两步法)

(1) 方法 A1：在氮气流中干燥

称取一定量的粒度小于 13 mm 的煤样,在温度不高于 40℃的环境下干燥到质量恒定,再将煤样破碎到粒度小于 3 mm,于 105～110℃下,在氮气流中干燥到质量恒定。根据煤样两步干燥后的质量损失计算出全水分。

(2)方法 A2:在空气流中干燥

称取一定量的粒度小于 13 mm 的煤样,在温度不高于 40℃的环境下干燥到质量恒定,再将煤样破碎到粒度小于 3 mm,于 105～110℃下,在空气流中干燥到质量恒定。根据煤样两步干燥后的质量损失计算出全水分。

2. 方法 B(一步法)

(1)方法 B1:在氮气流中干燥

称取一定量的粒度小于 6 mm 的煤样,于 105～110℃下,在氮气流中干燥到质量恒定。根据煤样干燥后的质量损失计算出全水分。

(2)方法 B2:在空气流中干燥

称取一定量的粒度小于 13 mm(或小于 6 mm)的煤样,于 105～110℃下,在空气流中干燥到质量恒定。根据煤样干燥后的质量损失计算出全水分。

3. 方法 C(微波干燥法)

称取一定量的粒度小于 6 mm 的煤样,置于微波炉内。煤中水分子在微波发生器的交变电场作用下,高速振动产生摩擦热,使水分迅速蒸发。根据煤样干燥后的质量损失计算出全水分。

一、仪器设备及试剂

1. 仪器设备(方法 A 和方法 B)

(1)空气干燥箱:带有自动控温和鼓风装置,能控制温度在 30～40℃和 105～110℃范围内,有气体进、出口,有足够的换气量,如每小时可换气 5 次以上。

(2)通氮干燥箱:带自动控温装置,能保持温度在 105～110℃范围内,可容纳适量的称量瓶,且具有较小的自由空间,有氮气进、出口,每小时可换气 15 次以上。

(3)浅盘:由镀锌铁板或铝板等耐热、耐腐蚀材料制成,其规格应能容纳 500 g 煤样,且单位面积负荷不超过 1 g/cm²。

(4)玻璃称量瓶:直径为 70 mm,高为 35～40 mm,并带有严密的磨口盖。

(5)分析天平:感量为 0.001 g。

(6)工业天平:感量为 0.1g。

(7)干燥器:内装变色硅胶或粒状无水氯化钙。

(8)流量计:量程为 100～1 000 mL/min。

(9)干燥塔:容量为 250 mL,内装变色硅胶或粒状无水氯化钙。

2. 试剂

(1)氮气(GB/T 8979‑2008):纯度为 99.9%,含氧量小于 0.01%。

（2）无水氯化钙(HG/T 5349-2018)：化学纯,粒状。

（3）变色硅胶(HG/T 2765.4-2005)：工业用品。

二、全水分分析煤样的制备

1. 煤样：粒度小于 13 mm 的全水分煤样,煤样不少于 3 kg;粒度小于 6 mm 的煤样,煤样不少于 1.25 kg。

2. 煤样的制备有以下两种情况。

（1）粒度小于 13 mm 的全水分煤样按照 GB 474-2008 或 GB/T 19494.2-2023 的规定制备。

（2）粒度小于 6 mm 的全水分煤样：用破碎过程中水分无明显损失的破碎机将全水分煤样一次破碎到粒度小于 6 mm,用二分器迅速缩分出不少于 1.25 kg 的煤样,装入密封容器中。

3. 在测定全水分之前,应首先检查煤样容器的密封情况。然后将其表面擦拭干净,用工业天平称准到总质量的 0.1%,并与容器标签所注明的总质量进行核对。当称出的总质量小于标签上所注明的总质量(不超过 1%),并且能确定煤样在运送过程中没有损失时,应将减少的质量作为煤样在运送过程中的水分损失量,计算水分损失百分率,并进行水分损失补正。

4. 称取煤样之前,应将密封容器中的煤样充分混合至少 1 min。

三、测定步骤

1. 方法 A(两步法)

（1）外在水分(方法 A1 和 A2,空气干燥)

在预先干燥和已称量过的浅盘内迅速称取粒度小于 13 mm 的煤样(500±10)g(称准至 0.1 g),平铺在浅盘中,于环境温度或不高于 40℃的空气干燥箱中干燥到质量恒定(连续干燥 1 h,质量变化不超过 0.5 g),记录恒定后的质量(称准至 0.1 g)。对于使用空气干燥箱干燥的情况,称量前需使煤样在实验室环境中重新达到湿度平衡。

按式(3-2)计算外在水分：

$$M_f = \frac{m_1}{m} \times 100\% \qquad (3-2)$$

式中,M_f 为煤样的外在水分,用质量分数表示,%;m 为称取的粒度小于 13 mm 的煤样质量,g;m_1 为煤样干燥后的质量损失,g。

（2）内在水分(方法 A1,通氮干燥)

① 立即将测定外在水分后的煤样破碎到粒度小于 3 mm,在预先干燥和已称量过的称量瓶内迅速称取(10±1)g 煤样(称准至 0.001 g),平铺在称量瓶中。

② 打开称量瓶盖,放入预先通入干燥氮气并已加热到 105～110℃的通氮干燥箱中,氮气每小时换气 15 次以上。烟煤干燥 1.5 h,褐煤和无烟煤干燥 2 h。

③ 从干燥箱中取出称量瓶,立即盖上盖,在空气中放置约 5 min,然后放入干燥器中,冷却到室温(约 20 min),称量(称准至 0.001 g)。

④ 进行检查性干燥,每次 30 min,直到连续两次干燥煤样的质量减少不超过 0.01 g 或质量增加时为止。在后一种情况下,采用质量增加前一次的质量作为计算依据。内在水分在 2.00% 以下时,不必进行检查性干燥。

⑤ 按式(3-3)计算内在水分:

$$M_{inh} = \frac{m_3}{m_2} \times 100\% \tag{3-3}$$

式中,M_{inh} 为煤样的内在水分,用质量分数表示,%;m_2 为称取的煤样质量,g;m_3 为煤样干燥后的质量损失,g。

(3) 内在水分(方法 A2,空气干燥)

除将通氮干燥箱改为空气干燥箱外,其他操作步骤同(2)内在水分(方法 A1,通氮干燥)。

(4) 结果计算

按式(3-4)计算煤中全水分:

$$M_t = M_f + (1 - M_f) \times M_{inh} \tag{3-4}$$

式中,M_t 为煤样的全水分,用质量分数表示,%;M_f 为煤样的外在水分,用质量分数表示,%;M_{inh} 为煤样的内在水分,用质量分数表示,%。

如实验证明,按 GB/T 212-2008 测定的一般分析实验煤样水分(M_{ad})与按本标准测定的内在水分(M_{inh})相同,则可用前者代替后者;而对某些特殊煤种,按本标准测定的全水分会低于按 GB/T 212-2008 测定的一般分析实验煤样水分,此时应用两步法测定全水分并用一般分析实验煤样水分代替内在水分。

2. 方法 B(一步法)

(1) 方法 B1(通氮干燥)

① 在预先干燥和已称量过的称量瓶内迅速称取粒度小于 6 mm 的煤样 10~12 g(称准至 0.001 g),平铺在称量瓶中。

② 打开称量瓶盖,放入预先通入干燥氮气并已加热到 105~110℃的通氮干燥箱中,烟煤干燥 2 h,褐煤和无烟煤干燥 3 h。

③ 从干燥箱中取出称量瓶,立即盖上盖,在空气中放置约 5 min,然后放入干燥器中,冷却到室温(约 20 min),称量(称准至 0.001 g)。

④ 进行检查性干燥,每次 30 min,直到连续两次干燥煤样的质量减少不超过 0.01 g 或质量增加时为止。在后一种情况下,采用质量增加前一次的质量作为计算依据。

(2) 方法 B2(空气干燥)

(a) 粒度小于 13 mm 的煤样的全水分测定

① 在预先干燥和已称量过的浅盘内迅速称取粒度小于 13 mm 的煤样(500±10)g(称准至 0.1 g),平铺在浅盘中。

② 将浅盘放入预先加热到 105~110℃的空气干燥箱中,在鼓风条件下,烟煤干燥 2 h,无

烟煤干燥 3 h。

③ 将浅盘取出,趁热称量(称准至 0.1 g)。

④ 进行检查性干燥,每次 30 min,直到连续两次干燥煤样的质量减少不超过 0.5 g 或质量增加时为止。在后一种情况下,采用质量增加前一次的质量作为计算依据。

(b) 粒度小于 6 mm 的煤样的全水分测定

除将通氮干燥箱改为空气干燥箱外,其他操作步骤同(1)方法 B1(通氮干燥)。

(3) 结果计算:

按式(3-5)计算煤中全水分:

$$M_t = \frac{m_1}{m} \times 100\% \qquad (3-5)$$

式中,M_t 为煤样的全水分,用质量分数表示,%;m 为称取的煤样质量,g;m_1 为煤样干燥后的质量损失,g。

3. 水分损失补正

如果在运送过程中煤样的水分有损失,则按式(3-6)求出补正后的全水分值。

$$M_t' = M_1 + (1 - M_1) \times M_t \qquad (3-6)$$

式中,M_t' 为煤样的全水分,用质量分数表示,%;M_1 为煤样在运送过程中的水分损失百分率,%;M_t 为不考虑煤样在运送过程中的水分损失时测得的水分,用质量分数表示,%。

当 M_1 大于 1% 时,表明煤样在运送过程中可能受到意外损失,则不可补正,但测得的水分可作为实验室收到煤样的全水分。在报告结果时,应注明"未经水分损失补正",并将容器标签和密封情况一并报告。

四、精密度

全水分测定的重复性限见表 3-3 规定。

表 3-3 煤中全水分测定结果的精密度

全水分 M_t / %	重复性限 / %
<10	0.4
≥10	0.5

五、思考题

1. 全水分测定前需做哪些准备工作?

2. 全水分测定应注意哪些问题?

实验 3.2　煤或固体生物质燃料中灰分的测定

一、实验目的

　　了解煤或固体生物质燃料的灰分来源,了解矿物质在灰分测定过程中的变化,掌握灰分测定方法。

二、基本原理

1. 煤的灰分

　　煤的灰分是在温度为(815±10)℃下,煤的可燃物完全燃烧,矿物质在空气中经过一系列复杂的化学反应后剩余的残渣。煤的灰分来自矿物质,但它的组成和质量与煤的矿物质不完全相同,它是一定条件下的产物。因此,确切地说煤的灰分是煤的"灰分产率"。由于煤中矿物质的真实含量很难测定,所以常用灰分产率,借助一定的数学式,算出煤中矿物质含量的近似值。

　　煤的矿物质来源于三个方面:

　　(1) 原生矿物质

　　原生矿物质是成煤植物本身所含有的,是成煤植物在生长过程中从土壤中吸收的,主要由碱金属和碱土金属的盐所组成。煤中的原生矿物质含量很少,一般不高于 2%～3%,分布均匀,与煤的有机质紧密结合很难分离。

　　(2) 次生矿物质

　　次生矿物质是成煤过程中由外界混到煤层中的矿物质形成的,在煤中分布较均匀,含量一般不高。煤的原生矿物质和次生矿物质总称为煤的内在矿物质。由内在矿物质形成的灰分叫内在灰分。内在矿物质通常很难用洗选的方法除去。

　　(3) 外来矿物质

　　这种矿物质原来不存在于煤层中,是采煤过程中混入的顶、底板及夹矸层的矸石、泥、沙等。这种矿物质形成的灰分叫外在灰分。这类矿物质在煤中分布很不均匀,可使用洗选的方法比较容易除去。

　　燃烧法测定煤的灰分时,煤中矿物质在燃烧过程中发生下列一系列化学变化和物理变化。反应如下:

　　(1) 失去结晶水

　　当温度高于 400℃时含结晶水的硫酸盐和硅酸盐发生脱水反应。

$$CaSO_4 \cdot 2H_2O \xrightarrow{\triangle} CaSO_4 + 2H_2O \uparrow$$

$$Al_2O_3 \cdot 2SiO_2 \cdot 2H_2O \xrightarrow{\triangle} Al_2O_3 \cdot 2SiO_2 + 2H_2O \uparrow$$

（2）受热分解

碳酸盐在温度为 500℃ 以上时开始分解。

$$CaCO_3 \xrightarrow{\triangle} CaO + CO_2 \uparrow$$

$$FeCO_3 \xrightarrow{\triangle} FeO + CO_2 \uparrow$$

（3）氧化反应

温度为 400～600℃ 时，在空气中氧气的作用下发生下列氧化反应。

$$4FeS_2 + 11O_2 \xrightarrow{\triangle} 2Fe_2O_3 + 8SO_2 \uparrow$$

$$2CaO + 2SO_2 + O_2 \xrightarrow{\triangle} 2CaSO_4$$

$$4FeO + O_2 \xrightarrow{\triangle} 2Fe_2O_3$$

（4）挥发

碱金属氧化物和氯化物在温度为 700℃ 以上时部分挥发。

以上过程在温度为 800℃ 左右时基本完成，所以测定煤的灰分的温度规定为（815±10）℃。

SO_2 和 CaO 在试验条件下生成 $CaSO_4$，使测定结果偏高而且不稳定，为此，需要适当的加热程序和通风条件。首先，煤样要在温度为 500℃ 时保持一段时间，使黄铁矿硫和有机硫的氧化反应在这一温度下基本完成。碳酸盐在 500℃ 时刚开始分解，到 800℃ 才分解完。

煤的灰分测定的方法要点：称取一定量的煤样，放入箱形电炉内灰化，然后在温度为（815±10）℃ 时灼烧到恒重并冷却至室温后称重，以残留物质量占煤样质量的百分比作为灰分。

灰分测定分缓慢灰化法和快速灰化法。快速灰化法不作仲裁分析用。

2. 固体生物质中的灰分

固体生物质燃料的灰分在温度为（550±10）℃ 时，可燃物完全燃烧，矿物质在空气中经过一系列复杂的化学反应后有剩余的残渣。称取一定量的固体生物质燃料试样，放入马弗炉中，以一定的速度加热到（550±10）℃，灰化并灼烧到质量恒定。以残留物的质量占试样质量的百分比作为试样的灰分。

生物质灰分来源分为两类：一类是燃料本身固有的灰分，形成于植物生长过程。本身固有的灰分均匀地分布在燃料中，其中硅（Si）、钾（K）、钠（Na）、硫（S）、氯（Cl）、磷（P）、钙（Ca）、镁（Mg）、铁（Fe）是导致积灰的主要元素。另一类是燃料处理过程中混入的杂质，如砂子、土壤颗粒等，其组分与燃料固有的灰分差别很大。

三、仪器设备

1. 箱形电炉/马弗炉：带有调温装置，能保持温度恒定。煤中灰分测定：（815±10）℃；固体生物质燃料灰分测定：（550±10）℃。炉膛应具有相应的恒温区，附有热电偶和高温表，炉子后壁上部有一直径为 25～30 mm 的烟囱(使 SO_2 在 CaO 生成前完全排出反应区),下部有一插入热电偶的小孔,小孔的位置应使热电偶的热接点在炉膛内能保持距炉底 20～30 mm,炉门上应有一通气孔,直径约为 20 mm。

2. 灰皿:长方形灰皿的底面长 45 mm、宽 22 mm、高 14 mm,如图 3-2 所示。

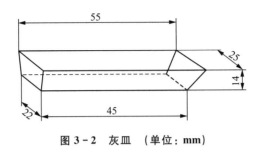

图 3-2　灰皿　(单位:mm)

3. 干燥器:内装有块状无水氯化钙或变色硅胶。

4. 分析天平:精确到 0.000 2 g。

5. 耐热金属板、瓷板或石棉板:宽度略小于炉膛,其规格与炉膛相适应。

四、实验方法与步骤

1. 煤中灰分测定方法

(1) 缓慢灰化法

① 在预先灼烧和称重(精确到 0.000 2 g)的灰皿中,称取粒度为 0.2 mm 以下的分析煤样 (1 ± 0.1) g(称准到 0.000 2 g)均匀地平铺在灰皿中,使其不超过 0.15 g/cm²。将灰皿送入温度不超过 100℃ 的箱形电炉中,在自然通风和炉门留有 15 mm 左右缝隙的条件下,在不少于 30 min 的时间内缓慢升高至 500℃,在此温度下保持 30 min 后,再升至 (815 ± 10)℃,然后关上炉门并在此温度下灼烧 1 h。灰化结束后从炉中取出灰皿,放在石棉板上,在空气中冷却 5 min,然后放入干燥器中,约 20 min 可冷却至室温,称量。

② 进行检查性灼烧,温度为 (815 ± 10)℃,每次时间为 20 min,直到其质量变化小于 0.001 0 g 为止,采用最后一次测定的质量作为计算依据,灰分小于 15.00% 时不进行检查性灼烧。

(2) 快速灰化法

① 在预先灼烧至质量恒定的灰皿中,称取粒度为 0.2 mm 以下的分析煤样 (1 ± 0.1) g(称准至 0.000 2 g),均匀地平铺在灰皿中,使其不超过 0.15 g/cm²。将盛有煤样的灰皿预先分排放在耐热金属板或瓷板上,将箱形电炉升温到 850℃,打开炉门,把放有灰皿的板缓慢推进箱形电炉,使第一排灰皿中的煤样慢慢灰化。等待 5～10 min,煤样不再冒烟时,以不大于 2 cm/min 的速度把剩余各排灰皿顺序推进炉中炽热部分(若煤样着火发生爆燃,则实验作废)。关闭炉门并使炉门留有 15 mm 左右的缝隙,使其在 (815 ± 10)℃ 的温度下,灼烧 40 min,然后从炉中取出灰皿,先放在空气中冷却 5 min,再放在干燥器中约 20 min,冷却到室温称量。

② 进行每次为 20 min 的检查性灼烧,温度为 (815 ± 10)℃。直到质量变化小于 0.001 0 g

为止。采取最后一次测定的质量作为计算依据。如遇检查时结果不稳定,应改用缓慢灰化法测定。灰分小于 15.00% 时不进行检查性灼烧。

2. 固体生物质燃料中灰分测定方法

在预先灼烧至质量恒定的灰皿中,称取达到空气干燥状态的粒度小于 1 mm 或更小粒度的固体生物质燃料试样(1 ± 0.1)g,称准至 0.000 2 g,均匀地平铺在灰皿中。将灰皿送入处于室温状态的马弗炉恒温区中,关上炉门并使炉门留有 15 mm 左右的缝隙或能保证每分钟 5~10 次空气变换的通风速度。在不少于 50 min 的时间内(升温速度 5℃/min)将炉温缓慢升至(250 ± 10)℃,并在此温度下保持 60 min。继续在不少于 60 min 的时间内(升温速度 5℃/min)升温到(550 ± 10)℃,并在此温度下灼烧 2 h。

从马弗炉中取出灰皿,放在耐热瓷板或石棉板上,在空气中冷却 5 min 左右,移入干燥器中冷却至室温(约 20 min)后称量。观察灼烧后试样是否灰化完全。如果怀疑灰化不完全,应进行检查性灼烧:每次 30 min,温度(550 ± 10)℃,直至质量变化小于 0.2 mg 为止。

五、数据记录和结果计算

1. 灰分测定数据记录(表 3-4)

表 3-4　缓慢灰化法/快速灰化法测定煤或固体生物质燃料中灰分含量

试样名称			
灰皿编号		1	2
灰皿质量/g			
试样+灰皿质量/g			
样品质量 m/g			
残留物 + 灰皿质量/g	第一次灼烧后		
	第二次灼烧后		
	第三次灼烧后		
测得残留物质量 m_1/g			

2. 结果计算:

$$A_{ad} = \frac{m_1}{m} \times 100 \qquad (3-7)$$

式中,A_{ad} 为分析试样灰分的质量分数,%;m_1 为恒重后灼烧残留物的质量,g;m 为分析样品的质量,g。

灰分的质量分数修约到小数后二位。

3. 灰分测定的精密度(表 3 - 5、表 3 - 6)

表 3 - 5　煤中灰分测定的精密度

灰分质量分数/%	允　许　差	
	重复性限 A_{ad}/%	再现性临界差 A_d/%
<15.00	0.20	0.30
15.00~30.00	0.30	0.50
>30.00	0.50	0.70

表 3 - 6　固体生物质燃料中灰分测定的精密度

灰分质量分数 A_{ad}/%	重复性限 A_{ad}/%
<10.00	0.15
≥10.00	0.20

六、注意事项

1. 快速灰化法不能作仲裁分析用。

2. 利用快速灰化法测定某一矿区的煤,须经过缓慢灰化法反复校对,证明误差在允许差范围内时方可使用。

3. 快速灰化时每排灰皿推进速度不能过快,不然容易爆燃,使实验作废。

七、思考题

1. 为什么实验测得的灰分实际上是煤样的灰分产率?

2. 为什么测定灰分用的箱形电炉要带烟囱? 为什么规定煤的灰分测定在 500℃时需要停留 30 min?

3. 为什么煤的灰分制备温度和生物质灰分的制备温度不同?

实验 3.3　煤或固体生物质燃料的挥发分产率的测定及固定碳的计算

一、实验目的

　　煤的挥发分产率与煤化程度有着密切的关系,它能大致地反映煤的变质程度。因此,它是我国煤分类方案的第一分类指标,也是美、英、法等国煤炭分类方案及国际煤炭分类方案的第一分类指标。固体生物质燃料的挥发分与生物质种类密切相关。从挥发分产率和焦渣特性可以初步估计煤或固体生物质燃料的加工利用性质和对某种加工工艺的适用性,也可以用来估算某些工艺指标,因为其测定方法简便、快速,所以在工业和科研工作中被广泛采用。

二、基本原理

　　煤或固体生物质燃料在温度为(900±10)℃时隔绝空气加热 7 min,从样品分解出来的气体蒸气状态产物的百分率减去样品所含水分的百分率称为挥发分产率。残留下来的不挥发的固体物称为焦渣(或称焦饼)。用焦渣的百分率减去灰分则为固定碳的百分率。挥发分不是样品固有的物质,而是在特定条件下有机质受热分解的产物,因此,确切地说,该指标应称为挥发分产率而不能称为挥发分含量。

　　煤或者固体生物质燃料在隔绝空气条件下加热时,不仅有机质发生热分解,其中的矿物质也会发生相应的变化。一般情况下,因矿物质分解而产生的影响不大,可以不加考虑,但当煤或生物质中碳酸盐含量大时,因碳酸盐分解产生的误差必须加以校正。

　　挥发分产率的测定是规范性很强的一项实验,测定结果完全取决于所规定的实验条件,其中以加热温度和加热时间最为重要。

三、仪器设备

　　1. 挥发分坩埚:瓷坩埚(高 40 mm,上口外径为 33 mm,底外径为 18 mm,壁厚为 1.5 mm,盖的外径为 35 mm,盖槽的外径为 29 mm,外槽深为 4 mm,坩埚总重为 15～20 g),形状和尺寸如图 3－3 所示。

　　2. 箱形电炉/马弗炉:带有调温装置,能保持温度在(900±10)℃,并附有热电偶及高温表。炉后壁留有一个排气孔及插热电偶的小孔,其位置应使热电偶的热接点在炉膛内能保持距炉底 20～30 mm,炉膛恒温区温度应在(900±5)℃之内。恒温区是在关闭的炉中用热电偶测定的。高温表在半年内至少校正一次。

　　3. 坩埚架:用镍铬丝制成的架,其大小以能使放入箱形电炉中的坩埚不超出恒温区为限,并要求放在架上的坩埚底部距炉底 20～30 mm,如图 3－4 所示。

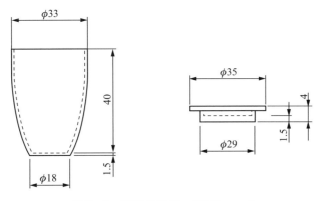

图 3-3　挥发分坩埚　（单位：mm）

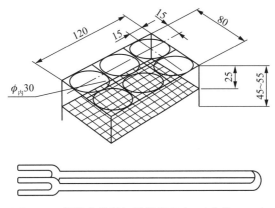

图 3-4　挥发分坩埚架及坩埚架夹　（单位：mm）

4. 分析天平：精确到 0.000 2 g。

5. 压饼机：螺旋式或杠杆式压饼机，能压制直径约 10 mm 的煤饼。

6. 秒表。

四、实验步骤

在预先经温度为 900℃灼烧到恒重的带盖坩埚中，称取粒度为 0.2 mm 以下的分析煤样或达到空气干燥状态的粒度小于 1 mm 或更小粒度的固体生物质燃料试样（1±0.1）g（称准到 0.000 2 g），然后将坩埚轻轻振动，使其中的煤样平铺后加盖，并放在坩埚架上。褐煤和长焰煤应预先压饼，并切成约 3 mm 的小块再用。

将箱形电炉预先升温到 920℃，打开炉门，迅速将摆好坩埚的架子送入炉内恒温区，立即关上炉门并计时，使试样在炉中加热 7 min。当装满坩埚的坩埚架开始放入炉内时炉温会有所下降，当年轻煤热解时，有时还会出现炉温升高的情况，但在 3 min 内必须使炉温达到（900±10）℃的要求，并继续保持此温度（900±10）℃到实验结束。为此，对有些温度不易控制的箱形电炉可将电炉调到适当温度后再放坩埚架。这样，炉温即使稍降，也不至于降低太多。如果坩埚放入电炉以后在 3 min 内不能达到规定的温度要求，这次实验即应作废。加热 7 min 后，迅速将坩埚架从炉中取出,先在空气中冷却 5 min,再将坩埚从架上取下,放在干燥器中(约 20 min),冷却到室温,然后称重。

五、结果计算

1. 按式(3-8)计算样品的空气干燥基挥发分:

$$V_{ad} = \frac{m_1}{m} \times 100 - M_{ad} \tag{3-8}$$

式中,V_{ad} 为空气干燥基分析样品(煤或固体生物质燃料)挥发分的质量分数,%;m_1 为分析样品加热后的减量,g;m 为分析样品重,g;M_{ad} 为分析样品水分的质量分数,%。

2. 空气干燥基挥发分换算成干燥无灰基挥发分

$$V_{daf} = \frac{V_{ad}}{100 - M_{ad} - A_{ad}} \times 100 \tag{3-9}$$

当分析煤或固体生物质燃料中的碳酸盐二氧化碳的质量分数为 2%~12%时,则:

$$V_{daf} = \frac{V_{ad} - V_{(CO_2)\,ad}}{100 - M_{ad} - A_{ad}} \times 100 \tag{3-10}$$

当分析煤或固体生物质燃料中碳酸盐二氧化碳的质量分数大于 12%时,则:

$$V_{daf} = \frac{V_{ad} - [V_{(CO_2)\,ad} - V_{(CO_2)\,焦渣}]}{100 - M_{ad} - A_{ad}} \times 100 \tag{3-11}$$

式中,$V_{(CO_2)ad}$ 为分析煤或固体生物质燃料中碳酸盐二氧化碳的质量分数,%;$V_{(CO_2)焦渣}$ 为焦渣中二氧化碳对煤或固体生物质燃料的质量分数,%。

挥发分的质量分数修约到小数后二位。

六、挥发分测定的精密度

煤和固体生物质燃料中挥发分产率测定的精密度规定如表 3-7 所示。

表 3-7　煤中挥发分测定的精密度

挥发分质量分数/%	允　许　差	
	重复性限 V_{ad}/%	再现性临界差 V_d/%
<20.00	0.30	0.50
20.00~40.00	0.50	1.00
>40.00	0.80	1.50

注:固体生物质燃料试样挥发份测定的重复性限为 0.60%。

七、特征分类

在测定煤的挥发分产率的同时,利用坩埚中残留焦渣的特征,可以初步鉴定煤的黏结性。测定挥发分产率所得的焦渣按以下标准进行区分:

(1) 粉状:全部是粉末,没有互相黏着的颗粒。

(2) 黏着:以手指轻压即碎成粉状或基本上成粉状,其中较大的团块或团粒轻碰即成粉状。

(3) 弱黏结:以手指轻压即碎成小块。

(4) 不熔融黏结:以手指用力压才碎成小块,焦渣上表面无光泽,下表面稍有银白色光泽。

(5) 不膨胀熔融黏结:焦渣形成扁平的块,煤粒的界限不易分清,上表面有明显银白色金属光泽,焦渣的下表面银白色光泽更明显。

(6) 微膨胀熔融黏结:焦渣用手指压不碎,在焦渣上、下表面均有银白色光泽,但在焦渣的表面上具有较小的膨胀泡(或小气泡)。

(7) 膨胀熔融黏结:焦渣上、下表面有银白色金属光泽,明显膨胀,但高度不超过 15 mm。

(8) 强膨胀熔融黏结:焦渣上、下表面有银白色金属光泽,焦渣高度大于 15 mm。

通常为了简便起见,可用上列序号作为各种焦渣特征的代号。

八、固定碳的计算

固定碳按式(3-12)计算:

$$FC_{ad} = 100 - (M_{ad} + A_{ad} + V_{ad}) \qquad (3-12)$$

式中,FC_{ad} 为空气干燥基固定碳的质量分数,%;M_{ad} 为分析试样水分的质量分数,%;A_{ad} 为空气干燥基灰分的质量分数,%;V_{ad} 为空气干燥基挥发分的质量分数,%。

九、思考题

1. 煤或固体生物质燃料的挥发分产率为什么不能叫挥发分含量?
2. 固定碳和煤的变质程度有什么关系?

实验 3.4　全自动工业分析仪的使用

一、实验目的

WS-G606 全自动工业分析仪主要用于测定煤、固体生物质燃料、焦炭等有机物中的水分、灰分和挥发分的含量,可计算其固定碳和发热量,还可以对飞灰、灰渣的含碳量进行分析。

其主要特点是整个测试过程由计算机控制自动完成,测试流程可按国标设定,可用于仲裁分析,分析时间短、效率高。本实验主要目的是熟悉 WS - G606 全自动工业分析仪的操作,并测试试样的各项指标。

二、实验原理

仪器检测原理为热重分析法。仪器将远红外加热设备与称量用的电子天平以及自动称量机构结合在一起,在特定的气氛条件、规定的温度、规定的时间内称量试样受热过程中的质量变化状况,以此计算出试样的水分、灰分、挥发分和固定碳等工业分析指标。

三、仪器设备

仪器主要由测试仪主机、计算机系统、打印机三大部分组成,如图 3 - 5 所示。

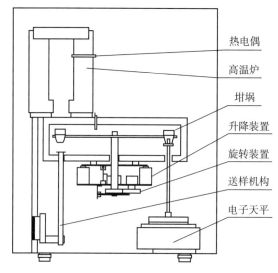

图 3 - 5　主机部分内部结构示意图

1. 测试仪主机主要部件功能

(1)高温炉:采用新型陶瓷纤维材料制成的电阻加热炉,升温速度快,最高使用温度可达1 000 ℃。

(2)送样机构:通过电机的旋转带动滑块产生垂直方向的往复运动,并通过送样杆将试样坩埚自动送入高温炉内。

(3)热电偶:用于精确测量高温炉内的温度。

(4)电子天平:通过延伸到高温炉内的秤杆来精确称量坩埚的质量。

(5)坩埚:采用特种陶瓷制造,热胀冷缩性能极佳。用于装测试样品,灰分和挥发分坩埚为两种型号,挥发分坩埚带盖,不能互换使用。

2. 计算机系统

（1）用于运行测试程序，提供人机界面。

（2）对采集的数据进行处理。

（3）计算各种含量。

（4）测试结果的查询、打印和保存。

（5）控制整个系统的正常运转。

3. 打印机

用于输出测试结果报告。

四、操作步骤

1. 运行仪器的测试程序，选择"工作测试"菜单，输入相关的试样信息。

2. 仪器自动称量空坩埚质量，空坩埚称量完毕，系统提示放入试样，然后称量试样质量。

3. 恒温室开始加热升温到107℃，恒温 30 min（温度与恒温时间可自定义设置）后开始称量水分残量，当前后两次称量的坩埚质量变化不超过系统设定值（默认 0.000 6 g）时水分分析结束，系统报出水分测定结果。

4. 同时在第一次称量水分残量时高温炉开始加热，达到目标温度900℃稳定后，试样被送入高温炉灼烧 7 min 后放到恒温室中的转盘上冷却，再等待高温炉中的温度稳定在 900℃，继续下面试样的灼烧。

5. 挥发分试样灼烧完成后，马上继续进行灰分试样的灼烧，同时系统会自动打开氧气阀，向高温炉内通氧气，气体流量控制在 0.8 L/min 左右。

6. 灰分试样全部灼烧完成后系统自动降温冷却，达到预先设定的冷却时间就开始称量挥发分、灰分的残量，称量完成后系统报出挥发分、灰分测定结果，并打印结果或报表（在系统设置中已设置打印）。

五、注意事项

1. 仪器应放置在平稳的台面上，并将仪器调水平，以保证仪器正常工作。

2. 周围无强烈振动、灰尘、强电磁干扰、腐蚀性气体。实验过程中不应正对仪器吹风。

3. 在放试样时建议戴上清洁、干燥的工作手套。

4. 分析仪在加温测试过程中，在高温炉周围工作应多加注意。如果触及了高温炉或坩埚可能会严重烫伤，在放入或取出坩埚盖时请戴上厚手套。

5. 在搬动分析仪时，请先将分析仪内的天平取出。

6. 拔插联机信号线或天平信号线前必须关闭分析仪及计算机的电源，否则会损坏分析仪、天平及计算机。

7. 分析仪长期不使用时，请保持仪器的干燥，建议再次测试使用前对高温炉加温预热一次，以便去除高温炉中的水分。

8. 平时应保持分析仪清洁。

六、WS－G606 软件说明

1. 软件介绍

本软件是为 WS－G606 全自动工业分析仪开发的专业软件。WS－G606 全自动工业分析仪可以测量水分、挥发分、灰分，并根据相关数据计算出氢含量、高低位热值、固定碳含量等指标。各种测试项目可以单独测试也可以随意组合测试，软件使用方便、灵活、可靠，还可以制作出精美的报表，也可以自定义报表格式。

2. 软件运行

首先打开仪器电源，并确定数据线和天平线已经和仪器连接正常，然后运行程序，在菜单中选择"测试"，点击"工作测试"菜单进入选择测试项目界面。先在试样名称中输入需要测试的试样名称，如果在"做平行样"方框前画"√"，则表示一个试样名称会自动对应两个坩埚。如果在"水灰与挥发分样名同步"前画"√"，则表示水灰部分的试样名称与挥发分部分一样，就不需要也不可以在水灰部分输入试样名称了。在试样名称输入完成后再在需要测试的项目前面的方框中画"√"，如果没有选择任何项目则不能进入测试界面。选择好后单击"进入测试"按钮即可以进入测试界面，如果输入的试样个数超过 24 个（含校准坩埚），则软件会提示超过个数。如果单击"退出"按钮则会返回主界面。进入界面后，先放好空坩埚，然后单击"称空坩埚"按钮，按顺序称量空坩埚质量，称量完成后，仪器自动将 1 号坩埚转动到复位位置，等待放试样（如果炉温超过设定温度，则会弹出提醒）。

注意：如果在系统设置中选择了"使用校准坩埚"，则第 1、2 号坩埚（转动复位时和秤杆对应的坩埚）不能放样，这是校准用的坩埚。放好试样后，单击"称样重"仪器会自动开始称量试样质量，称量完成后单击"开始实验"按钮，系统就开始按照设定的流程进行测试。

（1）测水分流程

恒温室开始向目标温度升温，同时转盘不停地转动，当温度达到目标温度就开始恒温，当恒温时间达到设定值就开始称量水分残量，每次称量的时间间隔不少于设定时间，直到称量至恒重或者增重，停止恒温，水分测试结束，计算水分结果，退出测水分流程。

（2）测挥发分流程

先将左、右高温炉升温到 920℃，之后等待一段时间，然后开始按顺序一组一组地将试样送入高温炉中，并控制在坩埚到达最高位置后在 3 min 内回到（900±10）℃，7 min 后，坩埚下降到转盘上，然后转动到下一组未灼烧过的试样，再开始灼烧，直到所有挥发分试样灼烧完成。当所有挥发分试样灼烧完成后，如果不测试灰分，则会在等待冷却时间后开始称量挥发分残量；如果需要测灰分，则需要等待所有灰分试样灼烧完成，并冷却结束后开始称量挥发分残量。

（3）测灰分流程

根据测试方法的不同，流程有所不同。如果测试方法中设置了两个恒温阶段，那么软件将会先将左、右高温炉目标温度控制到第 1 个恒温阶段的目标温度,然后依次将所有试样在这个目标温度灼烧一次,然后再将目标温度升到第 2 个恒温阶段的目标温度,再将所有试样灼烧一次。当所有阶段都灼烧完成后开始冷却,冷却结束后开始称量残量。如果测试过挥发分,则会先称量挥发分残量,再称量灰分残量。

当所有选择的测试项目完成后,保存测试结果,并按设定报表打印测试结果。

七、思考题

与传统实验方法相比,采用全自动工业分析仪进行分析有何特点?

实验四　含碳固体原料中全硫含量的测定

实验 4.1　库仑滴定法测定含碳固体原料中全硫含量

一、实验目的

含碳固体原料中的硫是一种有害元素,尤其是当煤作为燃料时,对硫的含量更有严格要求。以煤为例,动力用煤中的硫变成废气后,既会腐蚀设备,又会污染环境,所以煤的硫含量是评价煤质的重要指标之一。

二、基本原理

试样在 1150℃ 高温和催化剂三氧化钨的作用下,于净化的空气流中完全燃烧分解,样品中各种形态的硫氧化分解如下:

样品中的有机硫 $+ O_2 \longrightarrow SO_2 + H_2O + CO_2 + Cl_2 + \cdots$

$4FeS_2 + 11O_2 \longrightarrow 2Fe_2O_3 + 8SO_2$

样品中的硫酸盐硫 $+ O_2 \longrightarrow SO_2 + \cdots$

$2SO_2 + O_2 \longrightarrow 2SO_3$

生成的 SO_2 及少量 SO_3 随净化空气(载气)载入电解池中,与电解池中的水化合生成亚硫酸及少量硫酸,立即被电解池中的碘氧化成硫酸,使溶液中的碘减少而碘离子增加,破坏了电解池中碘—碘化钾电对的电位平衡。指示电极间的信号发生变化,该信号经放大后,去控制电解电流,电解产生碘。

电极及电解液反应如下。

电解阳极:$2I^- - 2e^- \longrightarrow I_2$

电解阴极:$2H^+ + 2e^- \longrightarrow H_2$

$I_2 + H_2SO_3 + H_2O \longrightarrow 2I^- + H_2SO_4 + 2H^+$

随着电解的不断进行,电解液中原有的碘—碘化钾平衡得到恢复,指示电极间信号重新回到零,电解终止。溶液处于平衡态时,指示电极上存在如下可逆平衡。

指示阳极:$2I^- - 2e^- \Longleftrightarrow I_2$

指示阴极:$I_2 + 2e^- \Longleftrightarrow 2I^-$

仪器根据电解生成碘所消耗的电量 Q，由法拉第定律 $\left(W = \dfrac{Q}{96\,500} \cdot \dfrac{M}{N}\right)$ 计算出试样中全硫量及百分含量。

三、仪器设备和试剂

1. 仪器设备

库仑测硫仪由下列部分构成。其主机面板示意图如图 4-1 所示。

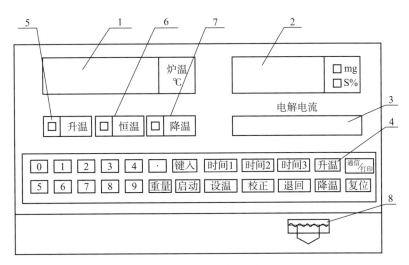

图 4-1　主机面板示意图

1—炉温显示窗口；2—积分/S%显示窗口；3—电解电流显示窗口；4—功能键区；
5—升温灯显示；6—恒温灯显示；7—降温灯显示；8—打印机

（1）管式高温炉：能加热到 1 200 ℃ 以上并有 70 mm 以上长的高温带（1 150±10）℃，附有铂铑-铂热电偶测温及控温装置，炉内装有耐温 1 300 ℃ 以上的异径燃烧管。

（2）电解池和电解搅拌器：电解池高 120～180 mm，容量不少于 400 mL，内有面积约 150 mm² 的铂电解电极对和面积约为 15 mm² 的铂指示电极对。指示电极响应时间应小于 1 s，电池搅拌器转速约 500 r/min 且连续可调。

（3）库仑积分器：电解电流在 0～350 mA 范围内积分线性误差应小于±0.1%，配有 4～6 位数字显示器和打印机。

（4）进样程序控制器：可按指定的程序前进、后退。

（5）空气供应及净化装置：由电磁泵和净化管组成。供气量约为 1 500 mL/min，抽气量约为 1 000 mL/min，净化管内装有氢氧化钠及变色硅胶。

2. 试剂和材料

（1）三氧化钨（GB/T 631-2017）。

（2）变色硅胶：工业品。

(3) 氢氧化钠(GB/T 629 - 1997):化学纯。

(4) 电解液:碘化钾(GB/T 1272 - 2007)、溴化钾(GB/T 649 - 1999)各 5.0 g,冰乙酸(GB/T 676 - 2007)10 mL 溶于 250~300 mL 水中。

(5) 燃烧舟:装样部分长约 60 mm,素瓷或刚玉制品,耐温 1 200℃以上。

四、实验步骤

1. 将炉温升到(1 150±10)℃,将抽气泵的抽速调到 1 000 mL/min,在供气和抽气条件下,将配好的电解液吸入电解池,开动搅拌器,使搅拌子快速旋转。

2. 于瓷舟中称取粒度小于 0.2 mm 的样品(0.05±0.005)g(称准至 0.000 2 g),在样品上覆盖一层薄薄的三氧化钨。将瓷舟置于石英舟上。按"重量"键,在"P4"提示符下,按相应数字键,显示器上将显示样品质量,按"键入"键后,按"启动"键,即自动进样,进行硫含量的测定。显示器上"mg"指示灯亮,显示硫的毫克数,测定结束后,瓷舟自动退回,并蜂鸣三声,"S%"指示灯亮,显示硫的百分含量 $S_{t,ad}$ 并打印结果。

3. 实验结束后,按"降温"键,降温,关闭搅拌器,停止电磁泵供气和抽气,放出电解液,用蒸馏水冲洗电解池后,关闭主机电源,当裂解炉降温至 600℃时拔下裂解炉插座。

4. 测试数据处理,将 $S_{t,ad}$ 值换算成 $S_{t,d}$ 值,公式如下:

$$S_{t,d} = \frac{S_{t,ad} \times 100}{100 - M_{ad}} \qquad (4-1)$$

式中,M_{ad} 为分析试样水分的质量分数,%;$S_{t,ad}$ 为试样空气干燥基全硫含量,%;$S_{t,d}$ 为试样干燥基全硫含量,%。全硫的百分含量修约到小数后二位。

五、精密度

库仑滴定法全硫测定的重复性和再现性规定见表 4-1。

表 4-1 库仑滴定法测定煤中全硫精密度

全硫质量分数 $S_t/\%$	重复性限 $S_{t,ad}/\%$	再现性临界差 $S_{t,d}/\%$
≤1.50	0.05	0.15
1.50(不含)~4.00	0.10	0.25
>4.00	0.20	0.35

注:库仑法测定固体生物质燃料中全硫精密度,全硫含量≤1.00%时重复性限为 0.05%;全硫含量>1.00%时,因无实验数据,暂未规定重复性限。

六、思考题

1. 试论述煤中硫的不同形态、数量及其分解难易。

2.库仑滴定法的基本原理是什么?

3.抽气流量、试样推进速度等条件的变化对测定值有何影响?

实验 4.2 艾氏卡法测定含碳固体
原料中全硫含量

一、基本原理

艾氏卡法是国际公认的标准方法。该方法具备设备简单、准确度高、重现性好等优点,因此是含碳固体原料中全硫测定的仲裁法。缺点是操作烦琐,费时较多。

试样与艾氏卡试剂混匀,缓慢燃烧,可使试样中的硫转化成硫的氧化物,进一步与碳酸钠及氧化镁作用生成可溶性的硫酸钠及硫酸镁,再与氯化钡反应生成难溶的硫酸钡沉淀,根据硫酸钡的质量即可计算出试样中全硫含量。

主要反应如下:

(1)试样的氧化反应

$$试样 + O_2 \xrightarrow{\triangle} CO_2 \uparrow + H_2O \uparrow + N_2 \uparrow + SO_2 \uparrow + SO_3 \uparrow$$

(2)氧化硫的固定反应

$$2Na_2CO_3 + 2SO_2 + O_2 \xrightarrow{\triangle} 2Na_2SO_4 + 2CO_2 \uparrow$$

$$Na_2CO_3 + SO_3 \xrightarrow{\triangle} Na_2SO_4 + CO_2 \uparrow$$

$$2MgO + 2SO_2 + O_2 \xrightarrow{\triangle} 2MgSO_4$$

$$MgO + SO_3 \xrightarrow{\triangle} MgSO_4$$

(3)硫酸盐的转化反应

$$CaSO_4 + Na_2CO_3 \xrightarrow{\triangle} Na_2SO_4 + CaCO_3$$

(4)硫酸盐的沉淀反应

$$MgSO_4 + Na_2SO_4 + 2BaCl_2 \xrightarrow{\triangle} 2BaSO_4 \downarrow + 2NaCl + MgCl_2$$

二、仪器设备与试剂

1.箱形电炉:能升温到 900℃,可调节温度及通风。

2.瓷坩埚:有容积 30 mL 和 10~20 mL 两种。

3.艾氏卡试剂:以 2 份质量的化学纯轻质氧化镁和一份质量的化学纯无水碳酸钠研细至

小于 0.2 mm 后,混合均匀,保存在密闭容器中。

4. 盐酸溶液:1 体积盐酸加 1 体积水混匀。

5. 氯化钡溶液:10 g 氯化钡溶于 100 mL 水中,配制成 100 g/L 的水溶液。

6. 甲基橙溶液:0.2 g 甲基橙溶于 100 mL 水中,配制成 2 g/L 的水溶液。

7. 硝酸银溶液:1 g 硝酸银溶于 100 mL 水中,配制成 10 g/L 的水溶液,贮存于深色瓶中并加几滴硝酸。

三、实验步骤

1. 于 30 mL 瓷坩埚中称取粒度小于 0.2 mm 的空气干燥试样(全硫含量小于 5%)(1.00±0.01)g(称准至 0.000 2 g)和艾氏卡试剂(2±0.1)g,仔细混合均匀,再用(1±0.1)g 艾氏卡试剂覆盖在煤样上面。注意:若全硫含量为 5%~10% 时,则称取 0.5 g 试样;全硫含量大于 10% 时,则称取 0.25 g 试样(称准至 0.000 2 g)。

2. 将装有试样的坩埚放入通风良好的箱形电炉中,必须在 1~2 h 内将电炉从室温升高到 800~850℃,并在此温度下加热 1~2 h。

3. 将坩埚从电炉中取出,冷却到室温。用玻璃棒将坩埚中的灼烧物仔细搅松、捣碎(若发现有未燃尽的黑颗粒,应继续灼烧 0.5 h)。然后把灼烧物放入 400 mL 烧杯中,用热蒸馏水洗坩埚内壁,将冲洗液收入烧杯中,再加入 100~150 mL 刚煮沸过的蒸馏水,充分搅拌。如此时发现尚有未燃尽的黑色颗粒,则本次实验作废。

4. 用中速定性滤纸以倾泻法过滤,用热蒸馏水冲洗 3 次,然后将残渣转移到滤纸中,用热蒸馏水仔细清洗,次数不得少于 10 次,洗液总体积为 250~300 mL。

5. 向滤液中滴加 2~3 滴甲基橙指示剂,然后加 1:1 的盐酸溶液至中性,再过量加入 2 mL 盐酸,使溶液呈酸性。将溶液加热至沸腾,用玻璃棒不断搅拌,并缓慢滴加氯化钡溶液 10 mL 使硫酸钡沉淀析出,加热溶液,使溶液微沸 2 h,溶液最终体积约为 200 mL。

6. 溶液冷却或静置过夜后,用致密无灰定量滤纸法过滤,并用热蒸馏水洗至无氯离子为止(用硝酸银溶液检验无浑浊)。

7. 将沉淀连同滤纸移入已知质量的瓷坩埚中,先在低温下灰化滤纸,然后在 800~850℃ 的箱形电炉中灼烧 20~40 min。取出坩埚,先在空气中稍加冷却,然后放入干燥器中冷却到室温(25~30 min)后称重。

8. 每配制一批艾氏卡试剂或更换其他任一试剂时,应进行空白试验。空白试验时,除不加试样外,其他操作同上。应测定两个以上的空白试验,硫酸钡质量的最高值与最低值之差不大于 0.001 0 g,取算术平均值为空白值。

四、结果计算

测定结果按式(4-2)计算:

$$S_{t, ad} = \frac{(m_1 - m_2) \times 0.137\,4}{m} \times 100 \qquad (4-2)$$

式中，$S_{t,ad}$为空气干燥试样中全硫质量分数，%；m_1为硫酸钡质量，g；m_2为空白试验的硫酸钡质量 g；m 为试样质量，g；0.137 4 为由硫酸钡换算成硫的系数。

五、方法的精密度

艾氏卡法全硫测定的重复性限和再现性临界差的规定见表 4-2 和表 4-3。

表 4-2　艾氏卡法测定煤中全硫精密度

全硫质量分数 S_t/%	重复性限 $S_{t,ad}$/%	再现性临界差 $S_{t,d}$/%
≤1.50	0.05	0.10
1.50(不含)～4.00	0.10	0.20
>4.00	0.20	0.30

表 4-3　艾氏卡法测定固体生物质燃料中全硫精密度

全硫质量分数 S_t/%	重复性限 $S_{t,ad}$/%	再现性临界差 $S_{t,d}$/%
≤1.00	0.05	0.10

注：艾氏卡法测定固体生物质燃料中全硫精密度，当全硫含量大于 1.00% 时，因无实验数据，暂未规定重复性限。

六、注意事项

1. 灼烧试样时，升温速度不能太快，需在 1.5～2 h 升到 800～850℃。
2. 灰化硫酸钡时，不能着火。灼烧温度不得超过 850℃，以免硫酸钡分解。

七、思考题

1. 简述艾氏卡法测定试样中全硫含量的基本原理。
2. 艾氏卡试剂中的氧化镁起什么作用？

实验五　含碳固体原料发热量测定

一、实验目的

含碳固体原料在燃烧或气化过程中,须用发热量来计算平衡、原料消耗量和热效率。此外,发热量也可为改进原料利用方式及提高热能利用率提供依据。通过本实验,掌握氧弹热量计测定原料弹筒发热量的原理及方法,理解冷却校正的意义。

二、基本原理

称取一定质量的试样在氧弹热量计中燃烧,根据弹筒周围水温的升高,精确算出试样的发热量。热量计分非绝热式热量计和绝热式热量计。非绝热式热量计在测定试样发热量的过程中,与周围环境发生热交换,因此在计算发热量时,还必须加上冷却校正值;绝热式热量计的外筒(水套)水温采取自动控制,在实验中能自动追踪内筒温度,消除内外筒的温差,从而消除量热系统与周围环境的热交换,以达到绝热的目的。它们的差别只在于外筒及附属的自动控温装置。本实验采用非绝热式氧弹热量计。

三、实验室条件

1. 实验室应为一单独房间,不得在同一房间内同时进行其他实验项目。

2. 室温应尽量保持恒定。每次测定,室温变化不应超过1℃,通常室温以不超出 15～30℃ 的范围为宜。

3. 室内应无强烈的空气对流,因此不应有强烈的热源和风扇等,实验过程中应避免开启门、窗。

4. 实验室最好设在朝北无阳光直接照射的房间,否则热量计应放在不受阳光直射的地方。

四、仪器设备和试剂

1. 仪器设备

本实验采用 HWR-15E 氧弹热量计。

(1) 量热主体

① 氧弹:如图 5-1 所示,由耐热、耐压、耐腐蚀的不锈钢制成。弹筒容积为 250～350 mL,

弹盖上应装有供充氧和排气的阀门以及点火电源的接线电极。

新氧弹和新换部件(杯体、弹盖、连接环)应经 20.0 MPa 的水压试验,证明无问题后方能使用。此外,应经常注意观察与氧弹强度有关的结构,如发现显著磨损或松动,应及时进行修理,并经水压试验后再用。每年要对氧弹进行水压 20.0 MPa 检查,仪器每两年检定一次。

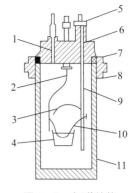

图 5-1　氧弹结构

1—放气孔;2—金属弯杆;3—燃烧挡板;4—坩埚;
5—电极;6—进气孔;7—橡皮垫圈;8—弹盖;
9—进气管;10—燃烧丝;11—弹体圆筒

② 内筒:由不锈钢制成,筒内装水 2 000~3 000 mL,把氧弹放入筒中后,以浸没氧弹(进、出气阀和电极除外)为准。内筒外面应高度抛光,以减少与外筒间的辐射传热。

③ 外筒:分恒温式外筒与绝热式外筒两种。

恒温式外筒:恒温式热量计配置恒温式外筒。盛满水的外筒的热容量应不小于热量计热容量的 5 倍,以便保持实验过程中外筒温度基本恒定。外筒外面可加绝缘保护层,以减少室温波动的影响。

绝热式外筒:绝热式量热计配置绝热式外筒。外筒中配有电加热器,通过自动控温装置,外筒中的水温能紧密跟踪内筒的温度,外筒中的水还应在特制的双层盖中循环。自动控温装置的灵敏度,应能使点火前和点火后内筒温度保持稳定(5 min 内平均变化不超过 0.000 5℃/min),在一次实验的升温过程中,内外筒间的热交换量应不超过 20 J。

④ 搅拌器:螺旋桨式,转速以 400~600 r/min 为宜,并保持稳定。搅拌效率应能使热容量标定实验过程中,从点火到终点的时间不超过 10 min,同时又要避免产生过多的搅拌热(当内、外筒温度和室温一致时,连续搅拌 10 min 所产生的热量不应超过 120 J)。

⑤ 普通温度计:最小分度值为 0.1℃,量程为 0~50℃的温度计,供测定外筒水温。

(2)微机测量部分

① 电源板:输入 220 V。

② 放大板:对测量信息进行预处理。

③ 双 CPU 单片机板,实现测量过程控制和测量数据的处理显示和打印。

④ 自动点火部分:进行点火和熄灭,点火状态可由点火指示灯监视。

⑤ 显示器:采用 240×64 点阵液晶显示屏。

⑥ 温度传感器:铂电阻测温元件。

2. 附属设备

(1)燃烧皿:采用铂制品最理想,一般为镍铬钢制品。规格采用高 17 mm、上部直径为 26~27 mm、底部直径 19~20 mm、厚 0.5 mm。其他合金钢或石英制的燃烧皿也可使用,但以能保证试样完全燃烧而本身又不受腐蚀和产生热效应为原则。

(2)压力表和氧气导管:压力表通过内径为 1~2 mm 的无缝铜管与氧弹连接,以便导入氧气。压力表和各连接部分,禁止与油脂接触或使用润滑油。如不慎沾污,必须依次用苯和酒精清洗,并待风干后再用。

(3) 点火装置:点火采用 12～24 V 电源,可由 220 V 交流电源经变压器供给。

(4) 压饼机:螺旋式或杠杆式压饼机均可,以能压制直径约为 10 mm 的饼状试样或苯甲酸饼为准。模具及压杆应用硬质钢制成,表面光洁,易于擦拭。

(5) 分析天平:精确到 0.000 2 g。

(6) 工业天平:载重量 4～5 kg,精确到 1 g。

3. 试剂和材料

(1) 氧气:99.5% 纯度,不含可燃成分,因此不准使用电解氧。

(2) 苯甲酸:标准物质二等或二等以上,经计量机关检定并标明热值的苯甲酸。

(3) 氢氧化钠标准溶液:$c_{NaOH} \approx 0.1$ mol/L。

称取优级纯氢氧化钠(GB/T 629 - 1997)4 g,溶解于 1 000 mL 经煮沸冷却后的水中,混合均匀,装入塑料瓶或塑料筒内,拧紧盖子。然后用优级纯苯二甲酸氢钾(GB 1257 - 2007)进行标定。

(4) 酚酞指示剂(10 g/L):称取 1 g 酚酞,溶于 100 mL 乙醇(95%)中。

(5) 点火丝:直径 0.1 mm 左右的铂、铜、镍铬丝或其他已知热值的金属丝或棉线。其热值分别为铁丝 6 700 J/g、镍铬丝 6 000 J/g、铜丝 2 500 J/g、棉线 17 500 J/g。

(6) 擦镜纸:使用前先测出燃烧热。方法是,抽取 3～4 张纸,团紧,称准质量,放入燃烧皿中,然后按常规方法测定发热量。取三次结果的平均值作为擦镜纸热值。

五、实验步骤

1. 精确称取粒度小于 0.2 mm 的空气干燥试样 0.9～1.1 g(称准到 0.000 2 g)于燃烧皿中。燃烧时易飞溅的试样,可先用已知质量的擦镜纸包紧,或先在压饼机中压饼并切成 2～4 mm 的小块使用。

2. 将直径为 0.1～0.12 mm 的镍铬丝的两端分别接在氧弹的两个电极柱上,弯曲点火丝接近试样,注意与试样保持良好接触或保持微小的距离(对易飞溅和易燃的试样),但不要使点火丝接触到燃烧皿,以免形成短路导致点火失败,甚至烧毁燃烧皿。这时的点火附加热计算机会自动计算扣除。如果采用其他金属丝或棉线点火,点火附加热要根据点火材料的热值和质量进行计算,然后输入计算机内予以扣除。

3. 往氧弹中放入 10 mL 蒸馏水,小心拧紧弹盖,应避免燃烧皿和点火丝的位置因受振动而改变。接上氧气导管,往氧弹中缓缓充入氧气至压力达 2.8～3.0 MPa。充氧时间不得少于 30 s。当钢瓶中氧气压力降到 5.0 MPa 以下时,充氧时间应酌量延长,压力降到 4.0 MPa 以下时,应更换新的钢瓶氧气。

4. 往内筒中加入足够的蒸馏水(内筒与水的总重大于 2 850 g),使氧弹盖的顶面(不包括突出的氧气阀和电极)淹没在水面下 10～20 mm。调节内筒水温,使内筒比外筒低 0.5～1℃。称量内筒与水的总重至 2 850 g,称准至 ±1 g。这时,重新测定内外筒水温并记录内筒温度 $T_内$ 和外筒温度 $T_外$,外筒水温应尽量接近室温(相差不得超过 1.5℃),使终点时内筒水温比外筒水温高 0.5~1℃。每次试验时用水量应与标定热容量时一致（相差 1 g 以内）。

5. 把仪器接上电源，打开仪器开关，将氧弹放在内筒中的固定座上，注意拎环不要碰到电极棒上。盖上筒盖，面板上点火指示灯微亮。

6. 这时，仪器显示屏上可见汉字首页，控制板发蜂鸣器断续响声，响声结束后，按任一键（"复位"键除外）：显示

■ 测量热值
　　标热容量
　　查看结果

菜单左边有一方形光标，按"→"或"↓"键可移动光标，选定要操作的菜单，按"确认"键可进入下一级菜单。

7. 将光标移至"测量热值"边，按"确定"键。

8. 输入被测试样质量。

9. 输入热容量。

10. 如有附加热就输入，无就不输入。

11. 按"确定"键，开始自动测量，仪器每 30 s 显示内筒温度（蜂鸣器报时一次）。

12. 仪器界面出现"＊"表示开始点火，"＊"前一个温度表示点火时的温度 T_0。

13. 测量过程中观察内筒温度，如在点火后半分钟内温度急剧上升，则表明点火成功。测量结束，记录点火时的内筒温度 T_0，第一个下降温度为终点温度 T_n，由点火到终点的时间，一般为 8~10 min。

14. 燃烧结束，仪器自动计算弹筒发热量，这时仪器不再自动读取内筒温度，按下复位键，马上开始计时，仪器左下角出现内筒实时温度，每 30 s 手动读取一次内筒水温，约读 3 min 数据，实验停止。

15. 打开筒盖，取出氧弹和内筒，开启放气阀，放出燃烧废气。打开氧弹，仔细观察弹筒和燃烧皿内部，如有试样燃烧不完全的迹象或有炭黑存在，实验应作废。

16. 用蒸馏水冲洗氧弹内各部、放气阀、燃烧皿和燃烧残渣。把全部洗液（共 150~200 mL）收集在一个烧杯中供测硫使用。

17. 实验结束，内筒水倒掉，清洗各部件，用干布将内筒、氧弹、搅拌桨、电极棒等擦去水迹，保持仪器干燥整洁。

六、结果计算

1. 校正

系统除样品燃烧放出热量引起系统温度升高以外，热量计与周围环境的热交换无法完全避免，其他因素如点火丝的燃烧、周围环境与实验仪器之间的热泄漏等均会引起热量的变化，因此在计算热量计的热容量 E 及给定样品的燃烧热值 Q 时，必须对由热交换而引起的温差测量值的影响进行校正，常用雷诺图解法进行温差校正。其方法如下。

称适量待测物质，估计其燃烧后可使水温升高 1.5~2.0℃，预先调节水温低于室温 0.5~

1.0℃。然后将燃烧前后历次观察的水温对时间作图,连成 $FHIDG$ 折线,如图 5 - 2(a)所示,图中 H 相当于物质开始燃烧时的温度读数点,D 为观察到的最高温度读数点,过室温读数点 J 作一平行线 JI 交于 I,过 I 点作垂线 ab,然后将 FH 线和 GD 线外延交于 A、C 两点,A 点与 C 点所表示的温度差即为经过校正的温度的升高 ΔT。图中 AA' 为开始燃烧到温度上升至室温这一段时间 Δt_1 内,由环境辐射和搅拌引进的能量而造成热量计温度的升高,必须扣除掉。CC 为温度由室温升高到最高点 D 这一段时间 Δt_2 内,热量计向环境放出能量而造成的温度降低,因此需要添加上。由此可见,A、C 两点的温差较客观地表示了由于样品燃烧促使温度升高的数值。有时热量计的绝热情况良好,热泄漏小,而搅拌器功率大,不断引进能量使得燃烧后的最高点不出现,这种情况下 ΔT 仍然可以按照同法校正,见图 5 - 2(b)。

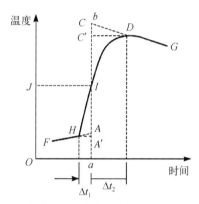
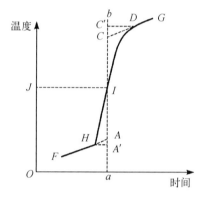

(a) 量热计绝热较差时的温差校正图　　　(b) 量热计绝热较好时的温差校正图

图 5 - 2　雷诺图解法温差校正图

2. 发热量的计算

(1)恒温式热量计:

$$Q_{b,\ ad} = \frac{E(T_n - T_0 + C) - (q_1 + q_2)}{m} \tag{5 - 1}$$

式中,$Q_{b,\ ad}$ 为空气干燥试样的弹筒发热量,J/g;E 为热量计的热容量,J/K;C 为冷却校正值,K;q_1 为点火热,J;q_2 为添加物产生的总热量,J;m 为试样质量,g。

(2)绝热式热量计

$$Q_{b,\ ad} = \frac{E(T_n - T_0) - (q_1 + q_2)}{m} \tag{5 - 2}$$

3. 测定结果的表达

弹筒发热量和高位发热量的结果计算到 1 J/g,取高位发热量的两次平行测定的平均值,并按 GB/T 483 - 2007 数字修约规则把个位数字修约为零后,按 J/g 或 MJ/kg 的形式报出。

按式(5 - 3)计算分析试样的恒容高位发热量 $Q_{gr,\ ad}$:

$$Q_{gr,\ ad} = Q_{b,\ ad} - (94.1 S_{b,\ ad} + \alpha Q_{b,\ ad}) \tag{5 - 3}$$

式中，$Q_{gr,ad}$ 为空气干燥试样的恒容高位发热量，J/g；$S_{b,ad}$ 为由弹筒洗液测得的试样的含硫量，以百分数表示，当全硫含量低于 4.00% 时，或发热量大于 14.60 MJ/kg 时，可用全硫（按 GB/T 214-2007 测定）代替 $S_{b,ad}$；94.1 为空气干燥试样中每 1.00% 硫的校正值，J/g；α 为硝酸形成热校正系数，

当 $Q_{b,ad} \leqslant 16.70$ MJ/kg，$\alpha = 0.0010$；

当 16.70 MJ/kg $< Q_{b,ad} \leqslant 25.10$ MJ/kg 时，$\alpha = 0.0012$；

当 $Q_{b,ad} > 25.10$ MJ/kg 时，$\alpha = 0.0016$。

在需要测定弹筒洗液中硫 $S_{b,ad}$ 的情况下，把弹筒洗液煮沸 5 min。取下，冷却后加数滴酚酞指示剂，用 0.1 mol/L 氢氧化钠标准溶液滴定，以求出洗液中的总酸量，然后按式（5-4）计算出 $S_{b,ad}$：

$$S_{b,ad} = \left(\frac{c \times V}{m} - \frac{\alpha \times Q_{b,ad}}{60} \right) \times 1.6 \qquad (5-4)$$

式中，c 为氢氧化钠标准溶液的物质的量浓度，mol/L；V 为滴定用去的氢氧化钠溶液体积，mL；60 为 1 mmol 硝酸的形成热，J/mmol；m 为称取的试样质量，g；1.6 为将 1 mmol 硫酸 $\left(\frac{1}{2}H_2SO_4 \right)$ 转换为硫的质量分数的转换因子。

工业上多采用收到基试样的低位发热量进行计算和设计。收到基恒容低位发热量的计算公式如下：

$$Q_{net,v,ar} = (Q_{gr,v,ad} - 206H_{ad}) \times \frac{100 - M_t}{100 - M_{ad}} - 23M_t \qquad (5-5)$$

式中，$Q_{net,v,ar}$ 为试样的收到基恒容低位发热量，J/g；$Q_{gr,v,ad}$ 为试样的空气干燥基恒容高位发热量，J/g；M_t 为试样的收到基全水分，%；M_{ad} 为试样的空气干燥基水分，%；H_{ad} 为试样的空气干燥基氢含量，%；206 为对应空气干燥试样中每 1% 氢的气化热校正值（恒容），J/g；23 为对应收到基试样中每 1% 水分的气化热校正值（恒容），J/g。

七、方法的精密度

发热量测定的重复性和再现性规定如下：

重复性限：高位发热量（折算到同一水分基）120 J/g；

再现性临界差：高位发热量（折算到同一水分基）300 J/g。

八、热容量标定

用已知热值的苯甲酸进行标定，其方法如下：

1. 在不加衬垫的燃烧皿中称取经过干燥和压饼的苯甲酸，饼重以 0.9～1.1 g 为宜。

2. 苯甲酸应先经研细，并在盛有浓硫酸的干燥器中干燥 3 d 或在温度为 60～70℃ 的烘箱中干燥 3～4 h。冷却后压饼。

3. 按照发热量测定的相同步骤准备氧弹和内、外筒。将光标移至"测量热值"，按"确定"

键;输入苯甲酸质量;如有附加热就输入,无就不输入。

4. 按"确定"键,开始自动测量,得到苯甲酸的实测发热量 $Q_{测}$。

热容量标定公式:

$$\frac{Q_{标}}{E_{标}} = \frac{Q_{测}}{E_{测}} \tag{5-6}$$

式中,$Q_{标}$ 为苯甲酸的标准热值,J/g;$Q_{测}$ 为苯甲酸的实测热值,J/g;$E_{标}$ 为新标定的热容量,J/K;$E_{测}$ 为实测用的热容量(原热容量),J/K。

苯甲酸的硝酸形成热按下式计算:

$$q_n = Q_{标} \times m \times 0.0015 \tag{5-7}$$

式中,$Q_{标}$ 为苯甲酸的标准热值,J/g;m 为苯甲酸的质量,g;q_n 为苯甲酸的硝酸形成热,J。

5. 热容量标定一般应进行 5 次重复试验,计算 5 次重复试验结果的平均值和相对标准差,其相对标准差不应超过 0.20%。取 5 次结果的平均值,修约至 1 J/K,作为该仪器的热容量。

热容量标定值的有效期为 3 个月,超过期限,应进行复查。但若更换热量计大部件,如氧弹盖、连接环等情况或标定热容量和测定发热量时的内筒温度相差 5℃ 以上时,应重新标定。

九、注意事项

发热量测定的准确度,关键在于标定热容量所能达到的准确度。平行试验的密切吻合,并不一定表示结果准确,它们可能是由于热容量不准确而造成的系统误差。所以热容量的标定是获得准确发热量的基础。

十、思考题

1. 为什么往弹筒中放 10 mL 蒸馏水?
2. 通过实验,试分析影响本实验准确性的关键操作要点。
3. 为什么需进行冷却校正? 其意义何在?

实验六　温度测量与热电偶标定

一、实验目的

通过本实验,了解工业温度测量常用的方法和热电偶测温常用的方法,掌握热电偶标定的方法。

二、基本原理

1. 温度测量

温度的测量有很悠久的发展历史。约公元前 120 年,古希腊数学家海伦首次利用空气受热膨胀的现象来近似界定温度的大小,但直到 17 世纪,欧洲才首次出现了利用该原理制成的相对精确的温度计,其主要贡献者为意大利科学家圣托里奥和伽利略等人。然而空气的膨胀系数低,且会受到外界空气压力的影响,所以测得的温度精度差,误差大;伽利略的学生费迪南德二世等人利用酒精的热膨胀系数比水大的原理,设计了密封管,用酒精取代了空气,提高了测量精度,但酒精不太稳定,会影响测量的温度准确性;在此基础上,来自荷兰的科学家丹尼尔华伦海特等人用水银替代酒精作为温度计的主物质,因为水银比酒精更加稳定,当温度上升或者下降时,水银的体积变化更加可靠。另外,与水相比,水银的膨胀系数也大于水,可以呈现出不小的体积变化。早期温度计的发展历史如图 6-1 所示。

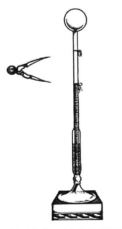  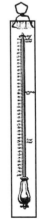

(a) 早期基于空气膨胀测温的　　　　(b) 利用酒精膨胀测温的　　　　(c) 1750年左右时利用水银膨胀
　　　温度计示意图　　　　　　　　　温度计示意图　　　　　　　测温的温度计示意图

图 6-1　早期温度计的发展历史

1740 年,来自瑞典的科学家摄尔修斯在大量温度测量数据的基础上定义了温标,他规定水的冰点是 0℃,沸点是 100℃,在冰点和沸点之间温度 100 等分。至 18 世纪中叶,测温方法在科学研究中已大范围使用,当时测得的最高温度为 300℃,但如要测量冶金行业中熔融金属的温度,则仍需要发展新的测温方法。

18 世纪以后,随着电磁学的进步和发展,物理学家们陆续发现了热致电阻改变和热生电势等现象,并逐步将其应用于温度测量的科学和工程实践中。发展至今日,常见的温度测量仪器已包括热电阻、热电偶、热敏电阻、红外测温仪等,不同仪器均有不同的温度工作区间、测温误差范围、使用成本和具体应用场景,其中热电阻和热敏电阻常用于低温和中温测量,热电偶常用于中温和高温测量,而基于热辐射原理发展的红外测温仪等更适用于高温和超高温测量。表 6-1 总结了工业中常见的测温仪器及其测温区间和测温误差范围。进一步的细节,请同学们阅读参考文献:*ABB Measurement & Analytics Industrial Temperature Measurement Basics and Practice*。

表 6-1 常见的工业测温及其测温区间和测温误差范围

工业测温仪器	测温区间	测温误差范围
热电偶		
U 型和 T 型热电偶	−200～600℃	测量温度的 0.75%
L 型和 J 型热电偶	−200～900℃	
K 型和 N 型热电偶	0～1 300℃	
R 型和 S 型热电偶	0～1 600℃	测量温度的 0.5%
B 型热电偶	0～1 800℃	
金属基热电阻		
Pt 基热电阻	−200～1 000℃	0.3～4.6℃(取决于测量温度)
Ni 基热电阻	−60～250℃	0.4～2.1℃(取决于测量温度)
半导体基热电阻		
热敏电阻	−100～400℃	0.1～2.5℃(取决于测量温度)
硅基热电阻	−70～175℃	0.2～1℃
集成电路基热电阻	最高 160℃	0.1～3℃(取决于测量温度)
辐射型温度计		
光谱型高温计	20～5 000℃	测量温度的 0.5%～1.5%
红外辐射型高温计	−100～2 000℃	测量温度的 0.5%～1.5%
超声波温度计	最高至 3 300℃	测量温度的 1%

工业测温仪器	测温区间	测温误差范围
光学测温手段		
光纤测温仪	最高至 400℃	0.5℃
基于拉曼辐射的光纤测温仪	最高至 600℃	1℃

2. 热电偶测温

在上述工业测温方法中,热电偶测温是一种重要的手段,通过热电偶比较法,在恒定的温度内,用标准器的指示值与被检热电偶的指示值进行比较来确定被检热电偶的实际值。主要包括单极比较法、双极比较法和同名极比较法。

（1）单极比较法

将被检热电偶丝与参考铂丝焊在一起,与标准器进行比较,测量正极对铂与铂对负极的热电动势值。其连接线路如图 6-2 所示。

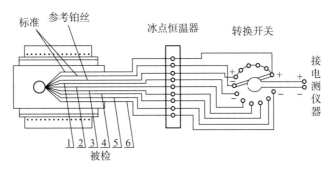

图 6-2　单极比较法测量廉金属热电偶丝示意图

（2）双极比较法

将同分度号同种规格的正、负极偶丝焊接成热电偶,直接测量标准器与被检热电偶热电动势,连接线路如图 6-3 所示。

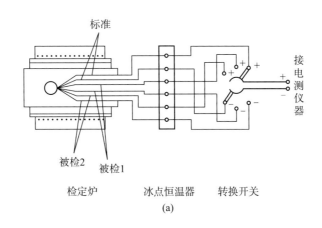

(a)

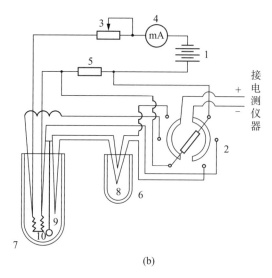

(b)

图 6 - 3 双极比较法测量廉金属热电偶丝示意图

1—直流电源;2—多点转换开关;3—变阻器;4—毫安表;5—标准电阻;6—冰点器;
7—酒精低温槽;8—热电偶参考端;9—热电偶测量端;10—标准电阻温度计

（3）同名极比较法

同名极比较法的连接线路如图 6 - 4 所示。

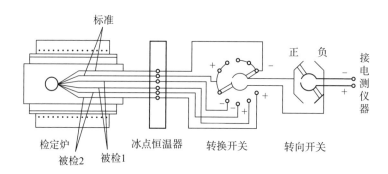

图 6 - 4 同名极比较法测量贵金属热电偶丝示意图

注：① 用双极比较法和同名极比较法的测量结果具有同等效力。② 同名极比较法
仅适用于标准热电偶与被检热电偶为同种材料的热电偶。

三、实验仪器及设备

NM - 01 热工仪表手动检定系统由计算机、多通道手动转换开关、数字表、三线电阻转换器/接线台、检定炉、控温装置、水（油）槽、冰点器等组成,如图 6 - 5 所示。

系统计算机与数字表的连接采用 RS232 串行接口,与检定炉控温装置、恒温水槽、恒温油槽的连接采用 RS485 串行接口,若计算机本身不能满足要求,可采用 PCI 接口卡进行扩展。

数字表是系统中的电测设备,其测量准确度应满足检定规程对电测设备的要求。推荐采用 6.5 位以上分辨率数字表。

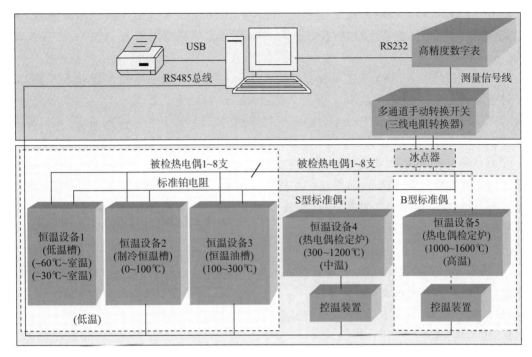

图 6 − 5　热电偶检定系统简图

三线电阻转换器/接线台为前端接线台,用于连接标准热电偶(热电阻)、被检热电偶(热电阻),可完成多通道被检、标准以及参考端传感器信号的切换功能,检定三线制热电阻时同时起到包含内引线转换作用,同时可以接收计算机的控温信号,完成检定炉等恒温设备的温度控制。

四、实验步骤

1. 使用热电偶检定炉进行检定时,检查检定炉控制系统是否接线良好,炉膛内是否无异物。需要使用恒温槽时,需要检查恒温槽内是否注满工作介质。

2. 为保证操作安全性,恒温设备供电开关应处于关闭状态。

3. 按照检定规程要求,检定热电偶时将放置标准热电偶的护套管(石英管或刚玉管)和被检热电偶一起捆扎、装炉,检查捆扎后的标准热电偶、被检热电偶和控温电偶位置应处于炉中央位置;检定热电阻时将标准热电阻或标准热电阻的护套管和被检温度计放入恒温槽内,使标准热电阻和被检热电阻浸入液面深度应当一致,一般应不小于 30 cm。

4. 根据系统使用说明书要求,接好被检温度传感器的引线。然后放入标准器(放置在护套管内),接好标准器的引线。

5. 打开扫描器、数字表、恒温设备电源,当恒温设备采用手动控温时,手动设定恒温设备的设定温度,启动恒温设备升温过程。

6. 启动计算机系统,通过桌面快捷方式启动"热电偶或热电阻检定程序",选择"新检定项目",进行"检定信息设置"。确认检定信息设置无误后,点击"确定",进入检定界面。点击检定界面"启动检定过程"按钮启动检定过程,系统进行设备检测、参考端测量,进入升温过程。

7. 检定恒温设备温度达到规定温度时,进入控温保温过程。在升温和保温过程,可以通过点击程序界面"测量通道扫描"按钮进行各被检通道传感器的测量扫描,检查接线是否正确。

8. 当标准温度偏差(热电偶系统偏差要求不大于 5℃,热电阻系统偏差要求不大于 2℃)、每分钟控温稳定性(热电偶系统要求小于 0.2℃/min,热电阻系统要求小于 0.04℃/min)满足要求,并且满足恒温设备设置中的 n 分钟温度稳定性要求后,即开始扫描测量,进入扫描测量过程。

9. 扫描测量完成,若扫描测量过程温度变化或被检结果超出规程允许要求,则根据设置提示选择是否重检。若选择重检,则程序重新进入保温控温过程。否则,进入下一温度点升温控温过程,同时在数据库中增加或更新相应数据库记录,并按当前日期形成项目组编号。项目组编号格式为"年+月+日+当日检定组序号",如"2023030201"为 2023 年 3 月 2 日第一次检定记录。

10. 所有温度点检定完成后,自动导出检定数据到 Excel 进行数据记录、检定证书显示,根据需要打印检定数据记录表和检定证书。

11. 关闭扫描器、数字表、恒温设备的电源。

12. 退出检定程序,关闭计算机。

13. 待恒温设备内温度降为规定温度(检定炉炉温降至 300℃ 以下)时,先将标准器从恒温设备中取出,然后取出被检传感器。检定过程结束。

五、数据处理

双极比较法和单极比较法测量,采用下式将热电偶的热电动势修正到各检测点的热电动势。

$$E_{T被} = E'_{T被} + \frac{E_{T标} - E'_{T标}}{S_{T标}} \cdot S_{T被} \tag{6-1}$$

式中,$E_{T被}$ 为修正到检验温度点 T 时的热电动势值,mV;$E'_{T被}$ 为被检热电偶在检验温度点 T 时测得的热电动势值,mV;$E_{T标}$ 为标准热电偶证书上检验温度点 T 时测得的热电动势值,mV;$E'_{T标}$ 为标准热电偶在检验温度点 T 时测得的热电动势值,mV;$S_{T标}$ 为标准热电偶在检验温度点 T 时测得的热电动势率(塞贝克系数 μ),V/℃;$S_{T被}$ 为被检热电偶在检验温度点 T 时测得的热电动势率(塞贝克系数 μ),V/℃。

若 $S_{T标} = S_{T被}$,即为同种型号热电偶,则

$$E_{T被} = E'_{T被} + (E_{T标} - E'_{T标}) \tag{6-2}$$

被检热电偶热电动势 $E_{T被}$ 与通用热电偶分度表 $E_{T分}$ 的偏差值换算成的温差,即误差温度 ΔT 可用下式计算:

$$\Delta T = \frac{E_{T被} - E_{T分}}{S_T} \tag{6-3}$$

式中,S_T 为热电偶在此温度下的热电势率。由 ΔT 可知被测热电偶是否合格。

铂铑 10-铂、铂铑 13-铂热电偶允许误差可参考表 6-2。

表 6 - 2 铂铑 10 - 铂、铂铑 13 - 铂热电偶允许误差

级别	温度范围/℃	示值允许误差/℃
I	0~1 100	±1
	1 100~1 600	$\pm[1+(T-1\,100)\times 0.003]$
II	0~600	±1
	600~1 600	$\pm 0.002\,5T$

实验测试数据请记录于表 6 - 3。

表 6 - 3 测试数据记录表

室温：		测样名称：			标准热电偶：		
标准热电偶号		温度/℃	热电势/mV	温度/℃	热电势/mV	温度/℃	热电势/mV

实验者姓名： 班级： 学号：

实验日期： 年 月 日

检验点/℃	数据项目	标准热电偶	被检热电偶							
			No.	No.	No.	No.	No.	No.	No.	No.
	1									
	2									
	3									
	4									
	平均值									
	修正值									
	结果									
			No.	No.	No.	No.	No.	No.	No.	No.
	1									
	2									
	3									
	4									
	平均值									
	修正值									
	结果									

六、注意事项

1. 程序运行过程中,不要重复打开运行程序进行检定信息设置,以免造成程序运行错误。

2. 控温过程中,当温度稳定性达到扫描测量要求的控温偏差却不能进入扫描测量过程时,应首先检查控温电偶和标准热电偶位置(确保标准热电偶和控温电偶都在炉中心位置),然后采用恒温设备控温仪表偏差修正的方式进行修正。

3. 控温过程中,若出现温度长时间存在较大波动(控温功率曲线可见较大毛刺),先检查供电电源有无干扰现象(周围有无大的用电设备、高频冲击用电设备等),然后采用 PID 自整定进行 PID 的重新整定。

4. 检定炉炉膛内应保持清洁。热电偶装好后,炉口应用耐火材料封堵。

5. 检定炉初次使用时应将炉温升至 500 ℃ 左右,恒温 2 h 进行烘干处理方可使用。

6. 检定炉长期不用时,应放于干燥通风处保存,再次使用时应先烘干。

7. 恒温槽长期不用时,应将槽内介质放到容器内保存。

8. 为了操作安全和提高系统的抗干扰性能,系统设备必须可靠接地。

9. 检验温度点的顺序由低温向高温逐点升温测量。对于 K、N、E、J 和 T 型的热电偶丝,一般检验温度点可按表 6-4 规定进行。

表 6-4 常规热电偶丝检验温度对照点

热电偶分度号(廉)	热电偶丝直径/mm	检验温度点/℃			
K 或 N	0.3　　0.5	−79	−196		
	0.3	400	600	700	
	0.5　　0.8　　1.0	400	600	800	
	1.2　1.6　2.0　2.5	400	600	800	1 000
	3.2	400	600	800	1 000(1 200)
E	0.3　　0.5	−79	−196		
	0.3　　0.5	100	200	250	
	0.8　1.0　1.2	100	300	400	
	1.6　2.0　2.5	(100)	300	400	600
	3.2	400	600	700	
J	0.3　　0.5	100	200	250	
	0.8　1.0　1.2	100	200	400	
	1.6　2.0　2.5	(100)	300	400	500
	3.2	(100)	300	400	600
T	0.2　0.3　0.5	−79	−196		
	0.2　0.3　0.5　0.8	100	200		
	1.0　1.2　1.6　2.0	100	200	250	

注:括号内检验温度根据用户要求进行测量;

　　允差参考:GB/T 2614 - 2010 镍铬-镍硅热电偶丝,GB/T 4993 - 2010 镍铬-铜镍(康铜)热电偶丝,ZB N05 004 镍铬硅-镍硅热电偶丝及分度表(参考端温度为 0 ℃)

热电偶分度号（贵）	允差等级（参考端温度为0℃）	检验温度点/℃
S	I，II	419.527　630.63　1 084.62
R	I，II	419.527　630.63　961.78（1 000）
B	II，III	1 100（1 084.62）　1 200　1 400　1 600

注：括号内为贵金属（S，R，T）热电偶丝测量推荐温度；

具体参考：GB/T 1598—2010 铂铑 10-铂热电偶线、铂铑 13-铂热电偶丝、铂铑 30-铂铑 6 热电偶丝标准

七、思考题

1. 如何根据不同工业应用场景选择不同型号的热电偶？除了使用温度外还需要考虑什么因素？

2. 分析单极、双极、同名极比较法测量热电偶的相同点与不同点。

3. 热电偶分度号与允差等级的关系是什么？

八、附录

热电偶的热电动势率（塞贝克系数）如表 6-5 所示。常规热电偶检验温度对照点如表 6-5 所示。

表 6 − 5 热电偶温度点对应的热电动势率（μV/℃）

温度/℃	铂铑 10 −铂	铂铑 13 −铂	铂铑 30 −铂铑 6
419.527	9.64	10.48	4.26
630.63	10.30	11.48	6.23
961.78	11.40	13.05	8.85
1 084.62	11.79	13.57	9.67
1 100	11.83	13.63	9.76
1 200	12.02	13.91	10.35
1 300	12.12	14.07	10.86
1 400	12.12	14.12	11.27
1 500	12.03	14.06	11.55
1 553.5	11.94	13.97	11.65
1 600	11.85	13.88	11.69
1 700	11.49	13.50	11.66

温度/℃	S 铂铑 10 −铂	K 镍铬 镍硅	K 镍铬 −铂	K 铂 −镍铬	N 镍铬硅 −镍硅	N 镍铬 硅 铂	N 铂 镍 硅	E 镍 铬 镍	E 镍 铬 −铂	E 铂 铜 镍	J 铁 铜 镍	J 铁 −铂	J 铂 铜 镍	T 铜 铜 镍	T 铜 −铂	T 铜 −铜镍
−196		16.00	5.57	10.43	10.64	−1.00	11.46	26.13	5.57	20.56				16.30	−4.26	20.56
−100		30.49	18.00	12.49	20.92	8.47	12.54	45.18	18.00	27.18				28.39	1.21	27.18
−79		32.92	20.01	12.91	22.55	10.21	12.34	48.46	20.02	28.44				30.77	2.32	28.45

续　表

温度/℃	S 铂铑10-铂	镍铬镍硅	K 镍铬-铂	K 铂-镍铬	镍铬硅-镍硅	N 镍铬硅铂	N 铂镍硅	E 镍铬-铜镍	E 镍铬-铂	E 铂-铜镍	J 铁-铜镍	J 铁-铂	J 铂-铜镍	T 铜-铜镍	T 铜-铂	T 铂-铜镍
0		39.48	25.84	13.64	26.15	15.44	10.71	58.70	25.84	32.86	50.37	17.91	32.46	38.74	5.88	32.86
100	7.33	41.37	30.12	11.25	29.63	19.96	9.67	67.51	30.12	37.39	54.35	17.81	37.17	46.77	9.38	37.39
200	8.46	39.95	32.76	7.19	32.99	22.99	10.00	74.02	32.76	41.26	55.50	14.57	40.93	53.15	11.89	41.26
300	9.14	41.46	34.12	7.34	35.43	24.99	10.44	77.91	34.13	43.78	55.36	11.69	43.67	58.08	14.30	43.78
400	9.57	42.22	34.55	7.67	37.11	26.33	10.78	80.04	34.55	45.49	55.14	9.72	45.42	61.79	16.30	45.49
500	9.89	42.61	34.33	8.28	38.25	27.28	10.97	80.89	34.33	46.56	55.96	9.57	46.39			
600	10.19	42.53	33.73	8.80	38.97	28.02	10.95	80.68	33.73	46.95	58.50	11.67	46.83			
700	10.54	41.93	32.96	8.97	39.29	28.65	10.64	79.75	32.96	46.79	62.24	11.36	46.88			
800	10.87	41.00	32.16	8.84	39.26	29.22	10.04	78.43	32.16	46.27						
900	11.20	39.96	31.43	8.53	38.98	29.73	9.25	76.70	31.42	45.28						
1000	11.53	38.93	30.75	8.18	38.55	30.17	8.38	74.93	30.75	44.18						
1100	11.83	37.84	30.06	7.78	37.98	30.50	7.48									
1200	12.02	36.50	29.18	7.32	37.17	30.71	6.46									
1300	12.12	34.88	27.81	7.07	36.15	30.78	5.37									

实验七　含碳固体原料的着火温度测定

一、实验目的

可燃性是含碳固体原料的重要性质之一。煤炭作为重要的含碳固体原料,被广泛应用于炼焦和化工生产行业。在煤炭的生产、储存和运输过程中,由于煤炭自燃产生的燃烧爆炸事故时有发生,测定着火温度有助于预防含碳固体原料的自燃,避免环境污染以及人员生命安全和财产的损失。测试着火温度的方法有两种,一种是基于含碳固体原料爆燃时空气体积膨胀现象的人工观测法,另一种是基于含碳固体原料爆燃时温度骤然上升现象的自动测定法。本实验采用的是后者,即自动测定法,主要目的在于了解含碳固体原料的着火温度测定原理,并学会使用燃点测定仪测定着火温度。

二、基本原理

将含碳固体原料与氧化剂(亚硝酸钠)按一定比例均匀混合,放入着火温度测定装置中,以一定的速度加热,当达到一定温度时,原料与氧化剂的混合物突然燃烧。记录下测量系统内升温速度突然增加时的温度,作为原料的着火温度。

三、仪器设备

以煤为例进行着火温度测定,本实验采用的是 FDK-5A 型燃点测定仪。它可以自动控制加热温度(5℃/min)和显示控制温度;自动测取并同时显示 6 个煤样的温度;自动绘制 6 个煤样对控温温度的温升曲线;自动寻找 6 个煤样的燃点;计算机和控制器双向通信,计算机可对控制器进行各项操作,且简便直观,自动化程度高。装置主要分为炉体、控制器及计算机。

1. 炉体

加热炉体的电源为交流 220 V,功率为 800 W。炉膛内装有直径为 60 mm 的铜柱等温体,在该等温体中央安插测量炉温的热电偶,而在周边六等分处又各有 6 个直径为 10 mm 的孔,用于放置装实验煤样的玻璃试管和测煤样的专用热电偶。

2. 控制器

控制器的前面板上可同时显示炉体温度和 6 个煤样的温度。控制器后面板如图 7-1 所

示,包含以下部分:

（1）接测煤样温度的电偶端子(最左侧标有"煤样"的 6 个端子);

（2）接控制炉温的电偶的二头端子(标有"炉温"的端子);

（3）电脑接口,实现计算机和控制器双向通信(标有"电脑接口"的接口);

（4）接电炉的两个接线柱,用于炉体加热(标有"炉体"的两个接线柱);

（5）接交流电源 220 V 的两个接线柱,勿将火线、中线接反,以免损坏控制器(标有"火线""中线"的两个接线柱);

（6）装有 1 A 保险丝的保险座(最右侧标有"保险丝"的接口);

（7）地线(黄绿色)端子接实验室地线,勿接电源中线(最右侧标有"接地"的接口)。

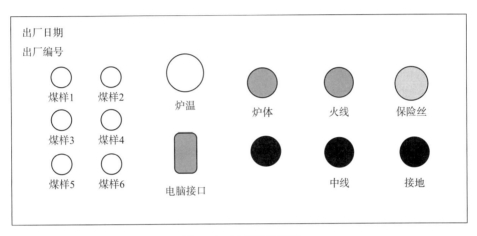

图 7-1　控制器后面板

3. 计算机

计算机上安装有燃点测试程序,共有开始窗体、试验资料填写窗体、监控窗体、试验报告和数据库窗体。

四、煤样和试剂处理

以煤为例进行试样处理

1. 按 GB 474-2008 将煤样制成粒度小于 0.2 mm 的一般分析煤样。

2. 煤样处理

原样:将煤样置于温度为 55~60℃、压力为 53 kPa 的真空干燥箱中干燥 2 h,取出放入干燥器中。

氧化样:煤样用过氧化氢处理,在称量瓶中放 0.5~1.0 g 煤样,用滴管滴入过氧化氢溶液(每克煤约加 0.5 mL 过氧化氢溶液),用玻璃棒搅匀,盖上盖子,在暗处放置 24 h;打开盖子后在日光或白炽灯下照射 2 h,然后按干燥原样煤的方法对其进行干燥。

3. 氧化剂处理:将亚硝酸钠放在称量瓶中,在 105~110℃的干燥箱中干燥 1 h,取出冷却并保存在干燥箱中。

五、操作步骤

以煤为例进行试样测定

1. 称取已干燥的原样或氧化样(0.1 ± 0.01)g 6 份(三组煤样,每组各 2 份),分别加入经干燥过的亚硝酸钠(0.075 ± 0.001)g,在称量纸上轻轻研磨 $1\sim2$ min,使煤样与亚硝酸钠混合均匀。

2. 将混合均匀的试样小心倒入试样管中(注意:不要在试样管中进行混合),然后放入铜加热体上的 6 个直径为 10 mm 的孔中,再插入 6 个测温电偶(注意:一定要把六只电偶都插到煤样中再打开控制器加热,避免损坏仪器)。

3. 对控制器和计算机接入电源后,控制器进行自检,自检正常后控制器自动转入对炉体加温程序(如不正常则显示故障符号 Err1),且显示炉温和 6 个煤样的温度,在计算机上打开燃点测试程序,显示开始窗体。

4. 点击开始窗体中的"欢迎进入"按键,进入实验资料填写窗体,填入必要的实验资料和数据,如做新一轮实验请先清空数据库,而后点击"监控"按键,转入监控窗体,进入正式的监视和控制工作,此时计算机自动记录实验时间、炉温和 6 个煤样温度,当炉温升至 200℃ 以后,自动绘制蓝色的炉温的升温曲线和红色的各煤样的温差(煤样温度对炉温之差)曲线。煤样在未燃爆时,煤样的温度与炉温接近,两者温差近乎为零。在煤样燃爆时,煤样温度迅速上升,则两者温差也随之增加,爆燃结束后,煤样温度又回落到炉体温度,两者温差也近乎为零,在监控窗口可以明显看到上述现象。

5. 待 6 个煤样爆燃结束后,点击监控窗体上的"计算结果"按键,计算机将自动计算出实验结果,相关窗体表格中的结果同步更新。

6. 点击"保存"按键,保存实验报告和实验曲线。

7. 数据库窗体的表格将连续记录测试数据,在必要的时候可以人工增加或删除测试数据(如干扰数据),以求得所有数据的正确、全面。

8. 点击监控窗体中的"开始窗口"按键,回到开始窗体,再点击开始窗体中的"退出运行"按键,则退出燃点测试程序,实验结束。

9. 如需查询以往的历史数据,请点击"开始窗口"中"历史查询"按键,将跳出查询对话框,选择要查询的名称,打开即可。

10. 断开控制器的电源,结束实验,让加热炉自行降温。

六、数据处理

1. 试样的着火温度用摄氏度(℃)表示。

2. 每个试样分别进行两次重复测定,取重复测定的算术平均值修约到整数报出。

3. 重复性限:两次重复测定值的差值不得超过 6℃。

七、原始数据记录

将实验数据填入表 7 - 1 中(记录在实验报告本最后一页)。

表 7 - 1　含碳固体原料的着火温度测定数据记录表

组分	亚硝酸钠质量/g	着火温度/℃	平均值/℃
1			
2			
3			

八、注意事项

1. 亚硝酸钠易吸水,须先研细再进行烘干处理,然后贮于磨口瓶中,放在干燥器内。只有用完全干燥的氧化剂,才能获得再现性较好的结果。潮湿的氧化剂能降低着火点。另外,亚硝酸钠有较强毒性,若食用则对人体产生危害;其在食品加工或人体代谢过程中可能形成致癌物质,应避免误吸入或食入。

2. 煤样必须经过真空干燥以接近恒重,因为它能使煤中水分脱除得比较完全。另外,吸入煤粉会对人体肺部产生危害,准备及称量时应注意。

3. 试样达到着火点后会有突然燃烧(爆燃)现象,实验人员在等待结果时应避免过度靠近实验仪器。

4. 每个试样应进行两次平行测定,允许差值不得超过 6℃。

九、思考题

1. 煤的着火点与煤质本身及煤的粒度有何关系?

2. 影响实验测定误差的因素主要有哪些?

实验八　水煤浆流变特性测定

一、实验目的

掌握旋转黏度计的测量原理及使用方法,根据实验结果绘制水煤浆的流变特性曲线;掌握水煤浆流变性的特点,加深对非牛顿流体的认识;分析水煤浆黏度与剪切速率、水煤浆浓度及温度之间的关系。

二、基本原理

水煤浆是由煤、水和少量添加剂经过加工制得的具有一定粒度分布、流动性和稳定性的流体,其具有低污染、高效率、可管道输送等优点,按用途可以分为燃料水煤浆和气化水煤浆。评价水煤浆质量的指标主要包括成浆浓度、流变特性、稳定性等。

在适当外力的作用下,物质所具有的流动和变形的性能,称为流变特性。流动性是流体区别于固体的一个重要特征,很小的力就能使流体发生形变进而流动,所以水煤浆的流变性主要用于评价其流动性能,其流变特性在工业上将影响煤浆储存时的稳定性、输送过程的输送阻力、煤浆喷嘴的雾化性能与反应过程的强化。

根据牛顿黏性定律,流体分为牛顿流体和非牛顿流体两大类。

对于任何一种黏性流体,可以按其在单向层流条件下对剪切应力的反应来分类。如果假定在流体上的剪切应力为 τ,流体以某一个速率 $\mathrm{d}U_x/\mathrm{d}z$ 发生应变,定义这个速率(即速度梯度)为剪切速率,其绝对值为 $\dot{r}$,则在剪切应力 τ 和产生的剪切速率 $\dot{r}$ 之间存在一定的关系,即

$$\tau = f(\dot{r}) \tag{8-1}$$

对于不同的流体,这个关系是不同的;对于牛顿流体,其黏度为一常数,其剪切应力与剪切速率成正比,即

$$\tau = \mu \frac{\mathrm{d}U_x}{\mathrm{d}z} \tag{8-2}$$

式中,μ 为流体黏度。

非牛顿流体不符合剪切应力与剪切速率成正比的关系,其黏度随剪切应力的变化而变化,不同剪切速率条件下可表现为不同值,所以它的黏度称为"表观黏度"。非牛顿流体主要分两类:假塑性流体,其表观黏度随着剪切速率的增大而变小,称为"剪切变稀";另外一类是胀塑性流体,其表观黏度随着剪切速率增大而变大,称为"剪切增稠"。

水煤浆是一种非牛顿流体,从水煤浆的应用角度,对于水煤浆的流变性关系提出了两个方面的要求,一个是表示水煤浆的稳定程度的屈服应力部分,一个是代表了水煤浆的流动阻力的剪切应力部分。因此,流变性的表述也就可以表达为

$$\tau = \tau_y + Kr^n \tag{8-3}$$

式中,τ 为剪切应力;τ_y 为屈服应力;r 为剪切速率;K 和 n 为经验常数。

水煤浆的流变特性通常用流变曲线来表示,所谓流变曲线,即反应剪切速率与剪切应力之间关系的一条特征曲线,因为非牛顿流体的表观黏度随其剪切应力的变化而变化,所以也可以表示成反应剪切速率与表观黏度之间关系的一条特征曲线。通过测量水煤浆在不同剪切速率下的表观黏度,即可作图得到该水煤浆的流变曲线。

流变仪是用于测定熔体、溶液、悬浮液等物质流变性质的仪器,根据测量介质的不同,开发了不同类型的流变仪。本实验采用 NDJ-8S 型旋转式黏度计和 Bohlin CVO100 旋转流变仪来测量水煤浆的流变特性。

旋转黏度计和流变仪分别为用于测量牛顿型流体的绝对黏度和非牛顿型流体流变特性的仪器。相比较而言,旋转流变仪的分析功能较为广泛,可应用于油脂、油漆、塑料、药物、涂料、胶黏剂、洗涤剂等各种流体流变特性的测量,如黏度曲线测试、黏弹性测试等,主要测试功能有蠕变模式(Crccp)、黏度测量模式(Viscometry)、振荡测量模式(Oscillation),可得到包括剪切黏度与剪切速率、温度、时间的关系,以及储能模量、损耗模量、相位角等参数。

三、实验装置

1. NDJ-8S 型旋转式黏度计

黏度计测试原理如图 8-1 所示,由电机经变速带动转子做恒速旋转,当转子在某种液体中旋转时,液体会产生作用在转子上的黏性力矩。液体的黏度越大,该黏性力矩也越大;反之,液体的黏度越小,该黏性力矩也越小。该作用在转子上的黏性力矩由传感器检测出来,经计算机处理后可得出被测液体的黏度。NDJ-8S 型旋转式黏度计有 4 种转子(1、2、3、4 号)和 8 挡转速(0.3 r/min、0.6 r/min、1.5 r/min、3 r/min、6 r/min、12 r/min、30 r/min、60 r/min),由此组成的 32 种组合,可以测量出测定范围内的各种液体的黏度值。

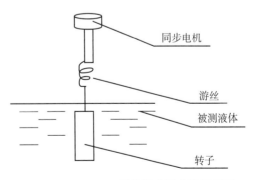

图 8-1　NDJ-8S 型旋转式黏度计原理图

（1）键盘操作及显示界面说明

① 打开仪器背面的电源开关,进入等待用户选择状态。

② 通过"下键"和"右键"来选择所需的转子号和转速。

③ 当选好转子和转速挡位后,按"确定"键,转子开始旋转,仪器开始进行测量。屏幕上显示的读数即为所测水煤浆的表观黏度。

④ 按"复位"键,仪器将会停止测量。如再按"确定"键,仪器将按上次设置的转子号和转

速进行测量。

（2）操作说明

① 在测量时，首先估计被测液体的黏度范围，然后根据表 8-1 所示的量程表选择合适的转子号和转速。

② 当无法估计被测液体的大致黏度时，应视为较高黏度。选用由小到大的转子（转子号由高到低）和由慢到快的转速。原则上高黏度的液体选用小转子（转子号高），慢转速；低黏度的液体选用大转子（转子号低），快转速。

③ 为保证测量精度，测量时量程百分比读数应在 10%～100%。如测量显示值闪烁，表示溢出或不足，应更换量程。

④ 在任何状态下，按"复位"键，程序将从起始状态开始运行，操作界面回到用户选择工作状态。

表 8-1 黏度计量程表

量程/(mPa·s)	转子 1	转子 2	转子 3	转子 4
转速（60 r/min）	100	500	2 000	10 000
转速（30 r/min）	200	1 000	4 000	20 000
转速（12 r/min）	500	2 500	10 000	50 000
转速（6 r/min）	1 000	5 000	20 000	100 000
转速（3 r/min）	2 000	10 000	40 000	200 000
转速（1.5 r/min）	4 000	20 000	80 000	400 000
转速（0.6 r/min）	10 000	50 000	200 000	1 000 000
转速（0.3 r/min）	20 000	100 000	400 000	2 000 000

2. Bohlin CVO100 旋转流变仪

旋转流变仪由三大部件构成，即主机（马达、轴承和位置传感器）、温度控制系统和测量系统。旋转流变仪测量原理是将样品置于精确控温测量系统内，通过由马达和轴承带动测量转子旋转对样品施加一定的应力，然后通过位置传感器测量样品应变或剪切速率（形变）；或者通过控制剪切应变或剪切速率，测量所需的扭矩，从而计算材料的剪切黏度、复数模量等流变参数。测量系统主要有锥板、平行板和同轴圆筒。主要测试方法有：① 蠕变模式（Creep），进行蠕变和蠕变回复测量，能获得蠕变柔量和回复柔量。温度控制模式可以是等温、阶跃。② 黏度测量模式（Viscometry），能进行控制剪切速率（CR）和控制应力（CS）下的稳态和瞬态剪切黏度测量，温度控制模式可以是等温、阶跃和梯度变化。③ 振荡测量模式（Oscillation），能在控制应变和控制应力两种模式下，进行动态性能测量并通过软件提供复数模量 G^*、弹性模量 G'、黏性模量 G''、相位角 δ、相位角正切值 $\tan\delta$、复数黏度 η^*、η'、η''、J^*、J'、J'' 的数据。

能完成振幅扫描、频率扫描、定频测量下的时间/温度扫描、部分波测试、多波测试和自动张紧等实验模式。

操作流程如下：

① 打开空压机电源，空压机开始工作，待空压机气压至少超过 5 bar[①] 后，接通过滤器处空气阀门；打开温度控制器。

② 依次打开流体循环泵（白色 PE 塑料桶，检查水是否循环）、流变仪主机。

③ 按"▲"按钮，完成流变仪初始化。

④ 打开电脑主机，启动操作软件，检查流变仪与电脑主机之间是否能够通信。

⑤ 选择测试模式后，在软件右栏选择所需夹具，并在软件上设置当前温度和测试条件，待温度达到测试温度后，对测试夹具位置调零。

⑥ 抬起上夹具，加载样品，然后将上夹具调至设定间距。

⑦ 进样结束后，拔开插销，待温度平衡后，开始测试。（注意：每次加样结束后，切记拔开插销！）

四、实验步骤

1. NDJ - 8S 型旋转式黏度计

（1）准备被测液体，将被测液体置于直径不小于 70 mm、高度不低于 125 mm 的烧杯或直筒形容器中。

（2）准确地控制被测液体的温度。

（3）仔细调整仪器至水平，检查仪器的水准器气泡是否居中，保证仪器处于水平的工作状态。

（4）根据估算液体黏度选择适宜的转子和转速。

（5）缓慢调节升降旋钮，调整转子在被测液体中的高度，直至转子的液面标志（凹槽中部）和液面相平为止。

（6）调整转速和转子，记下相应的黏度读数。然后以转速为横坐标、表观黏度为纵坐标作图，得到水煤浆流变曲线。

2. Bohlin CVO100 旋转流变仪

（1）打开气源，空气轴承是旋转流变仪的核心部分。使用流变仪之前一定要检查气源，将空气调节器上的开关按下，接通空气（指示标记为➡），空气压力必须达到 3 bar。打开电脑；打开温度控制器；开流变仪电源；检查循环泵槽。

（2）仪器初始化：按 UP(⬆)键，空气轴承组件会自动升降初始化，初始化结束后，OK 灯就会亮起。然后，按 UP(⬆)键使空气轴承组件上升。当 OK 灯亮了之后，可以抬升轴承组件，以便安装测量系统（测量夹具）。打开软件，登录。点击"Viscometry"，然后点击"Displacement"

---

① 　1 bar=100 kPa。

(位移)旁边的方形按钮,对位置进行归零。确保位置的读数会小幅变化。检查温度的读数,不会显示"————"。点击"GAP"按钮,进入模拟的 GAP 控制面板。检查通信,确保在窗口下方的状态栏没有"Communications Down"显示。设置温度。在测试前,可以在"Manual Setting"选项内进行设置。然后按"Tab"键,仪器会自动到达设定温度。

(3)选择正确的测量系统。确保在"Viscometry"模式。点击"Measuring System"下边的"SELECT"按钮。测量系统列表会列出流变仪所有的测量系统。剪切应力和剪切速率范围与选择的测量系统有关。松开螺丝,安装测量系统;托住测量系统,拧紧螺丝,如图 8-2 所示。

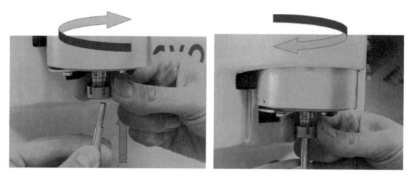

图 8-2　测量系统的安装方式

(4)间距校零。确保已经安装了测量系统。按"ZERO"按钮。空气轴承组件会下降至与下板接触。等待 GAP 面板显示"0000","OK"灯亮起。按↑键,以便加载样品。每次更换了平板或者锥板的测量系统,都必须重新校零。

(5)加载液态样品。抬升轴承组件,将样品放在下板中央,稍微多加一点样品,降低轴承组件。样品加载不要太多,也不要太少,可以使用平面刮刀将多余的样品刮掉。

(6)拔开插销,开始测试。

(7)测试中注意事项:

① 一定要检查气源!

② 测试样品前,请确认样品成分不会腐蚀测试夹具;

③ 每次测试开始前,请确认插销打开;

④ 一天实验结束后,关闭气源前,请将缓冲垫安装在轴承上并旋紧,该缓冲垫为黑色塑料环,其位置如图 8-3 所示:

缓冲垫

图 8-3　旋转流变仪缓冲垫

⑤ 测试黏度较大的样品时，实验结束后，清理样品时，请注意"OL"指示灯，以及"Normal Force"格数，切勿直接上抬轴承，可以尝试逐步小幅旋松旋锁，再抬起轴承，重复"旋松—抬起"若干次，直至上夹具可自由脱离，再抬起轴承至最高处；

⑥ 空气机必须每天放水。

五、思考题

1. 什么是牛顿流体？什么是非牛顿流体？

2. 怎样通过实验所得到的水煤浆的流变曲线，判断其流变特性？

3. 从本次实验中可以观察到，影响水煤浆表观黏度的因素有哪些？请定性说明这些因素与水煤浆表观黏度之间的关系。

实验九　流动可视化风洞实验

一、实验目的

　　风洞是以人工的方式产生并且控制气流,用来研究物体周围气体的流动情况的一种实验设备,是进行空气动力实验最常用、最有效的工具之一。在气体中引入烟雾,肉眼便可以观察到烟流在空气中的流动图案,这就是烟流法。烟流法是空气动力学中用来获得流谱的方法之一。本节实验主要目的在于熟悉流体力学中流线、迹线、绕流、尾涡、驻点、边界层等概念。

二、基本原理

　　在工程应用中,对流体机械和机翼的绕流,以及管道内外热交换时的绕圆柱管道流动等,物体壁面都是曲面的,绕流时,边界层外边界上的流体沿流动方向速度不断变化,边界层内的压强也将随之发生相应的改变。

　　如图 9-1 所示,根据理想流体势流理论的分析,在曲面体 MM' 断面以前,由于过流断面的收缩,流速沿程增加。因而压强沿程减小$\left(即 \frac{\partial p}{\partial x}<0\right)$。在 MM' 断面以后,由于断面不断扩大,速度不断减小,因而压强沿程增加$\left(即 \frac{\partial p}{\partial x}>0\right)$。由此可见,在附面层的外边界上,$M'$ 必然具有速度的最大值和压强的最小值。由于在附面层内,沿壁面法线方向的压强都是相等的,故以上关于压强沿程的变化规律不仅适用于附面层的外边界,也适用于附面层内。在 MM' 断面前,附面层为减压加速区域,流体质点一方面受到黏性力的阻滞作用,另一方面又受到压差的推动作用,即部分压力势能转为流体的动能,故附面层内的流动可以维持。当流体质点进入 MM' 断面后面的增压减速区,情况就不同了,流体质点不仅受到黏性力的阻滞作用,压差也阻止着流体的前进,越是靠近壁面的流体,受黏性力的阻滞作用越大。在这两个力的阻滞下,靠近壁面的流速就趋近于零。S 点以后的流体质点在与主流方向相反的压差作用下,将产生反方向的回流。但是离物体壁面较远的流体,由于附面层外部流体对它的带动作用,仍能保持前进的速度。这样,回流和前进这两部分运动方向相反的流体相接触,就形成了旋涡。旋涡的出现使附面层与壁面脱离,这种现象称为附面层的分离,而 S 点称为分离点。由上述分析可知,附面层的分离只能发生在断面逐渐扩大而压强沿程增加的区段内,即增压减速区。

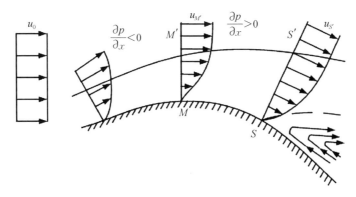

图 9 - 1　曲面附面层的分离

附面层分离后,物体后部形成许多无规则的旋涡,由此产生的阻力称形状阻力。因为分离点的位置和旋涡区的大小都与物体的形状有关,故称形状阻力。对于有尖角的物体,流动在尖角处分离,越是流线型的物体,分离点越靠后。飞机、汽车、潜艇的外形尽量做成流线型,就是为了推后分离点,缩小旋涡区,从而达到减小形状阻力的目的。

三、仪器装置

设备主体是英国 TecQuipment 公司的 AF80 流动可视化风洞(图 9 - 2),其中轴流风扇位于设备的顶部,气流由下方进入设备,然后通过工作段的各种绕流模型。发烟器产生可见烟雾,工作段外壁采用透明玻璃制成,内置有照明设备,方便观察。设备配件模型有圆球、圆柱、机翼、汽车和换热管束等。

本设备高度为 1 950 mm,必须安装在通风良好的实验室内,并且在设备顶部预留 1 m 空间,另外还需要合适的排气装置。

在使用本设备之前,必须在发烟器内的空气瓶中填充压缩二氧化碳。

参数规格为,净尺寸:$700 \text{ mm} \times 600 \text{ mm} \times 1 950 \text{ mm}$;主设备质量:34 kg;发烟器质量:17 kg;总净重:51 kg;运输体积和质量:1.03 m^3,159 kg;工作段(测试段)尺寸:$180 \text{ mm} \times 100 \text{ mm} \times 240 \text{ mm}$(宽×深×高);气流速度:0～5 m/s;烟道:23 条,间隔 7 mm;噪声:不高于 70 dB(A)。

图 9 - 2　AF80 流动可视化风洞装置

四、实验步骤

检查各部件完好,准备充分,打开风洞电源,打开发烟器电源,打开气瓶阀门,控制合适气压便于观察,打开灯光和风扇,打开出烟阀门。拍摄实验结果照片,如图 9 - 3 所示。

实验完成后,关闭发烟器电源,关闭气瓶阀门,等待烟雾全部排出后,关闭风扇及其余部件。

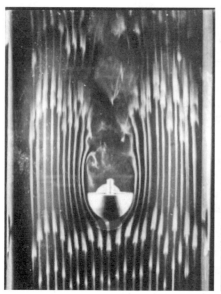

图 9 - 3　实验结果照片

五、注意事项

1. 熟悉仪器各附件设备的使用说明。
2. 环境要求:通风良好。
3. 在使用本设备之前,必须在发烟器内的空气瓶中填充压缩二氧化碳。

六、思考题

1. 试回答什么是流线、迹线和脉线? 它们在定常流中有什么特点?
2. 绕流阻力的分类是什么? 请结合本实验,回答常见的减小形状阻力的方法有哪些。

第二篇

能源与动力工程专业实验

实验十　含碳固体原料中碳和氢含量的测定(电量–重量法)

一、实验目的

含碳固体原料的碳、氢含量是工业和科研中十分重要的指标。以煤为例,碳、氢是煤的有机质中最主要的元素,由碳、氢含量可以判断煤的变质程度和某些工艺性质。通过碳、氢含量还可以计算含碳固体原料的燃烧热、理论燃烧温度和燃烧生成物组成。

二、实验原理

试样置于 800℃ 燃烧管内,在 O_2 流中燃烧,H 生成 H_2O,与 $Pt-P_2O_5$ 电解池中的 P_2O_5 发生反应生成 HPO_3,电解 HPO_3,根据电解所消耗的电量计算试样中 H 的含量,其反应方程式如下:

$$H_2O + P_2O_5 \longrightarrow 2HPO_3$$

电解偏磷酸,在 $Pt-P_2O_5$ 电解池中产生以下反应:

阳极: $2PO_3^- - 2e^- \longrightarrow P_2O_5 + 1/2O_2$

阴极: $2H^+ + 2e^- \longrightarrow H_2$

随着电解反应的进行,HPO_3 越来越少,生成的氧气和氢气随氧气流排出。P_2O_5 得以生成,电解电流也随之减小。当电解电流降至终点电流时,电解结束。根据电解所消耗的电量,应用法拉第定律:$W = \dfrac{Q}{96\,500} \cdot \dfrac{M}{N}$,即可计算出试样中氢的含量。

试样燃烧生成 CO_2,用碱石棉吸收,根据吸收剂的增量计算试样中 C 的含量。其反应方程式如下:

$$2NaOH + CO_2 \longrightarrow Na_2CO_3 + H_2O$$

试样中 S 和 Cl 对测定的干扰用高锰酸银热解产物除去,N 对 C 测定的干扰由活性粒状 MnO_2 除去。

三、实验前准备

电量-重量法碳氢测定仪的气路连接如图 10-1 所示,仪器操作前准备如下。

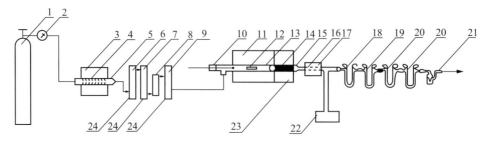

图 10 - 1 电量-质量法碳氢测定仪气路连接图

1—氧气钢瓶;2—氧气吸入器;3—净化炉;4—线状氧化铜;5—净化管;6—变色硅胶;7—固体氧化钠;
8—氧气流量计;9—无水高氯酸镁;10—带推棒的橡皮塞;11—燃烧炉;12—燃烧舟;13—燃烧管;
14—高锰酸银热解产物;15—硅酸铝棉;16—电熔池;17—冷却水套;18—吸氮 U 形管;
19—吸水 U 形管;20—吸碳 U 形管;21—气泡计;22—电量计分器;23—转化炉;
24—气体干燥管

1. 电解液与高锰酸银热解产物的配制

(1)电解液的配制

丙酮(分析纯):7 mL;磷酸(分析纯):3 mL。

制法:用量筒分别量取 7 mL 丙酮、3 mL 磷酸放入 50 mL 烧杯中,充分摇匀即可。

(2)高锰酸银热解产物的配制

制法:称取 100 g 高锰酸钾溶于 2 L 蒸馏水中,另取 107.5 g 硝酸银溶于 50 mL 水中,在不断搅拌下,向其中倾入沸腾的高锰酸钾溶液并搅拌均匀,逐渐冷却,静置 12 h 后生成具有光亮的晶体。用真空泵抽滤,再用蒸馏水洗涤晶体数次,在 60~80℃条件下干燥 4 h,每次取少量晶体放至器皿中,在酒精灯上缓慢加温至骤然分解,得到疏松的银灰色残渣,收集在磨口瓶中备用。

注:未分解的高锰酸银不宜大量贮存,以免受热分解,不安全。

2. 石英净化管

石英净化管内中央装有线状氧化铜,用量 100 g 左右。广口端用带玻璃管的橡胶塞塞紧,并用乳胶管连接到氧气瓶上的氧气吸入器出气口处,另一端(出气口)接净化系统。

3. 玻璃净化管、流量计

准备三根玻璃净化管(分为 A、B、C 管),用水清洗、烘干。用聚氯乙烯管连接石英净化管出气口与 A 管进气口、A 管出气口与 B 管进气口、B 管出气口与 C 管进气口、C 管出气口与流量计进气口。分别用脱脂棉堵住 A、B、C 管的出气口处,在 A、B、C 管内分别装入变色硅胶、无水氢氧化钠、无水高氯酸镁,用脱脂棉、橡胶塞将口封好。

4. 石英燃烧管

样品燃烧均在石英燃烧管内进行,用硅酸铝棉堵住燃烧管出气口,装入约 15 g 高锰酸银热解产物,再用硅酸铝棉堵塞好。将石英燃烧管插入燃烧炉内,保持燃烧管出气口伸出炉膛约

5 cm 并固定好。将出气口与电解池接通,支管与流量计出口用聚氯乙烯管相连接,广口(进样口)塞上带推棒的橡皮塞。

5. 处理 Pt - P$_2$O$_5$ 电解池

(1) 清洗电解池

用自来水冲洗电解池,取外径略小于 5 mm 的软毛刷沾上洗衣粉,慢慢地向内旋转(逆时针),旋至两引出线处,然后慢慢地向外旋(顺时针)。反复向内向外旋几次,再用水冲洗数次,直到电解池铂电极光亮无斑点,然后用蒸馏水冲洗,丙酮脱水,电吹风吹干。用万用表测量电解池两铂电极间电阻,其电阻值应大于 20 MΩ。

(2) 涂膜

电解池粗端倾斜向上,将涂膜电解液分三次倒入电解池。第一次将电解液流至池体的中部,第二次将电解液流至池体的尾部,第三次将电解液流至池体的中部。每次滴加电解液后均用电吹风将电解池吹干至无丙酮味。

(3) 装接电解池

电解池安装于电解池固定夹上,用长约 2 cm 的硅胶管连接好电解池的进气口与石英燃烧管出气口,并用乳胶管接通冷却水,夹好电极夹。

(4) P$_2$O$_5$ 膜的生成

调节氧气吸入器旋钮,使氧气流速为 80 mL/min,打开冷却水,开启电源,按"涂膜"键,此时涂膜指示灯亮。约 20 min 后,涂膜指示灯熄灭即可。

6. 吸氮 U 形管的安装

U 形管带有支架和磨口,装药品部位高为 100～120 mm,其中二分之一装二氧化锰,二分之一装无水高氯酸镁,装有二氧化锰一侧支架用硅胶管与电解池的出气口相连接,另一侧支架用硅胶管与吸碳管相连接。

7. 吸碳 U 形管的安装

吸碳 U 形管应准备两套,每套两只。每只管内五分之四装碱石棉(或钠石灰),五分之一装无水高氯酸镁。使用时两管相串联,进气口与吸氮 U 形管出气口相连,出口处接气泡计。

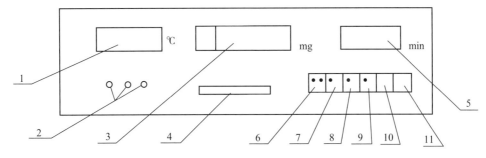

图 10 - 2　主机前面板示意图

1—三段炉温显示器;2—炉温显示指示灯;3—氢的含量显示值;4—电解电流指示灯;5—时间显示窗口;
6—极性键;7—涂膜键;8—空白键;9—测定键;10—预处理键;11—复位键

8. 气泡计的安装

用移液管小心装入 3 mL 浓硫酸于气泡计中,将气泡计进气口与吸碳管出气口相连。注意:所有 U 形管及气泡计均应安装在吸碳架上。

四、实验步骤

1. 打开气路,通冷却水。调节氧气吸入器旋钮,使氧气流量计指示为 80 mL/min,调节冷却水,使水流流出,形成一水柱即可。

2. 开启电源,选择电解极性。在升温的同时,做吸碳管的恒重试验。接上一套(两只)吸碳 U 形管和气泡计,使氧气流量保持在 80 mL/min 左右,按一下"复位"键,待蜂鸣器报时(10 min)后,取下吸碳 U 形管,关闭活塞,放置 10 min 左右,用天平称量吸碳 U 形管,再与仪器相连接。重复上述试验,直到吸碳 U 形管质量变化不超过 0.000 5 g 时即为恒重。

3. 待三段炉炉温升至设置温度后,即可进行样品分析。在进行正式样品分析前,可以做一个废样,以平衡电解池的状态。注意:做废样时无须连接吸碳 U 形管,废样亦无须标准,其他步骤与分析正式样品相同。

4. 废样做完后,在预先灼烧过的瓷舟中称取粒度小于 0.2 mm 的空气干燥试样 70 mg 左右(精确到 0.2 mg),均匀铺平,在样品上覆盖一层三氧化钨,将此样品瓷舟存入不带干燥剂的容器中。

5. 接上已恒重的吸碳 U 形管及气泡计,使氧气流量保持在 80 mL/min 左右,按一下"预处理"键,将电解池电解到终点,以清除残余水分。打开带有镍铬丝推棒的橡胶塞,迅速将样品瓷舟放入燃烧管内,及时塞紧橡胶塞,使瓷舟的一半进入燃烧炉口,按"测定"键,约 90 s 后,将全舟推入燃烧炉口,约 3 min,即可将全舟推入燃烧炉高温区并立即拉回推棒。

6. 10 min 后(电解已到终点,否则需延长时间),取下吸碳 U 形管,关闭活塞,放置 10 min 左右,用天平称量;记录仪器显示的氢的毫克数(m_2)。打开带有镍铬丝推棒的橡胶塞,用镍铬丝勾棒取出瓷舟,塞上带有推棒的橡胶塞。

7. 接上已恒重的另一套吸碳 U 形管,重复上述 5、6 步骤,做下一样品。

8. 测定氢的空白值。测定氢的空白值可与吸碳管的恒重试验同时进行,亦可在碳氢测定之后进行。三段炉温升至设置温度后,保持氧气流量在 80 mL/min 左右,按下"预处理"键,将电解池电解到终点,以清除残余水分。在预先灼烧过的瓷舟中加入适量三氧化钨(数量和试样分析时相当),打开带有镍铬丝推棒的橡胶塞,迅速将空白瓷舟放入燃烧管内,及时塞紧橡胶塞,直接将全舟推入燃烧炉高温区并立即拉回推棒,按"空白"键。10 min 后(电解已到终点,否则需延长时间),记录仪器显示的氢的毫克数。重复上述空白试验,若两次空白显示值相差不超过 0.050 mg,则取两次空白显示值的平均值作为当天氢的空白值(m_3)。

五、结果计算

(1) 氢值计算:

总氢:
$$H = \frac{m_2 - m_3}{m} \times 100 \tag{10-1}$$

分析基氢：
$$H_{ad} = H - 0.111\,9M_{ad} \qquad\qquad (10-2)$$

干燥基氢：
$$H_d = \frac{100H_{ad}}{100 - M_{ad}} \qquad\qquad (10-3)$$

（2）碳值计算：

分析基碳：
$$C_{ad} = \frac{0.272\,9m_1 \times 100}{m} \qquad\qquad (10-4)$$

干燥基碳：
$$C_d = \frac{C_{ad} \times 100}{100 - M_{ad}} \qquad\qquad (10-5)$$

式中，m 为试样质量，mg；m_1 为吸碳 U 形管吸收二氧化碳后增加的质量，mg；m_2 为仪器氢的显示数，mg；m_3 为氢的空白值，mg；M_{ad} 为试样的空气干燥基水分；0.111 9 为将水折算成氢的系数；0.272 9 为将二氧化碳折算成碳的系数。

六、仪器使用注意事项及日常维护

1. 注意事项

（1）仪器安装位置应避免强磁场或电场干扰。

（2）净化系统中的干燥剂（变色硅胶、无水氢氧化钠、无水高氯酸镁等）失效时应及时更换。

（3）做实验时，应认真检查各连接管，确保不漏气，漏气应及时更换管路。

（4）开启电源前，必须先接通氧气和冷却水，使氧气流量保持在 80 mL/min 左右。关机时应先关电源，再关氧气和冷却水。

（5）进行氢测定时，切不可在无氧气或无冷却水的状态下工作。

（6）一般新装的吸碳 U 形管，开始做样时，第二吸碳 U 形管不增重，在进行数次样品分析后，若其增重量达 500 mg，表明第一吸碳 U 形管已失效，须更换。

（7）特别注意：在碳氢同时分析时，若氢值很好、碳值欠佳，这并不一定是仪器故障，应从电解池之后的气路、试剂找原因。如 U 形管间的接口和 U 形管本身是否漏气，二氧化锰和无水高氯酸镁是否失效等。

（8）电解池出气口至气泡计之间的连接管只能用硅胶管，切不可用乳胶管。

2. 日常维护

（1）气路是仪器容易出故障的环节，未接吸碳管时，开通氧气，调节氧气吸入器，其浮标上升幅度较高，而流量计浮标上升幅度较低，检查净化系统各皮塞是否松动，如是，取下重新塞紧。流量计指示正常，而气泡计没有或只有少量气泡，检查进样推棒上的翻胶帽孔是否磨损，如是，更换翻胶帽。

（2）若某段炉子不升温，一般是电炉丝或相应的保险丝烧断，应切断电源，检查确认后更换电炉丝或保险丝。

（3）若样品数量不多，不常使用仪器，应做好定期保养。比如，每周一次，按正常步骤开启仪器（无须连接吸碳 U 形管），开机后按"空白"键，空白指示灯亮，勿再按其他键，维持约 4 h 即可。

七、思考题

1. 碳、氢含量与煤的变质程度之间是何关系？

2. 碳、氢分析的主要误差来源是什么？

3. 为什么要测定空白值？空白值的来源是什么？

实验十一　含碳固体原料中氮含量的测定

一、实验目的

含碳固体原料中的氮在燃烧过程中一部分会变成 NO_2 污染环境,在热分解时分别以 N_2、NH_3、HCN 等进入气相产物中,以吡啶类化合物存在于焦油中,其余部分则残留在焦炭中。由于含碳固体原料中氮的存在影响含碳固体原料的转化产物和燃烧产物的组成与性质,所以必须测定其中的氮含量。

二、基本原理

含碳固体原料中氮含量的测定,一般采用开氏法。其基本原理是:用浓硫酸分解试样,使试样中的有机质氧化成二氧化碳和水,试样中氮化物则绝大部分转化成为氨,进而与硫酸化合生成硫酸氢铵。然后加入过量氢氧化钠溶液中和多余的硫酸,并使硫酸氢铵分解为氨,经加热蒸馏将氨蒸出,用硼酸溶液吸收,最后用硫酸标准溶液滴定,根据消耗的酸量计算出试样中的含氮量。

由于开氏法定氮时,试样中以吡啶、吡咯及嘌呤形态存在的有机杂环氮化物消化时部分以氮分子形式逸出,使结果偏低。

为了缩短硫酸消化试样时间,需加入适量催化剂如硫酸汞、硒粉、高锰酸钾或铬酸酐等。另外,还需加入无水硫酸钠以提高硫酸沸点,加快消化速度。

测定过程中化学反应可近似地用下列方程式表示:

(1) 消化反应

$$试样(有机质) + 浓硫酸 + 催化剂 \xrightarrow{\triangle} CO_2 \uparrow + CO \uparrow + H_2O \uparrow + SO_2 \uparrow + SO_3 \uparrow + Cl_2 \uparrow$$
$$+ NH_4HSO_4 + H_3PO_4 + N_2 \uparrow (极少)$$

(2) 蒸馏分解反应

$$NH_4HSO_4 + H_2SO_4 + 4NaOH(过量) \longrightarrow NH_3 \uparrow + 2Na_2SO_4 + 4H_2O \uparrow$$

(3) 吸收反应

$$H_3BO_3 + xNH_3 \longrightarrow H_3BO_3 \cdot xNH_3$$

(4) 滴定反应

$$2H_3BO_3 \cdot xNH_3 + xH_2SO_4 \longrightarrow x(NH_4)_2SO_4 + 2H_3BO_3$$

使用混合指示剂时,终点 pH 约为 5.4。由于硼酸为弱酸,在此 pH 时不与氨反应,故直接由硫酸消耗量计算氨的量。

三、仪器设备和试剂

1. 主要仪器设备

(1) KDN 型定氮仪-HYP 八孔消化装置(图 11-1)

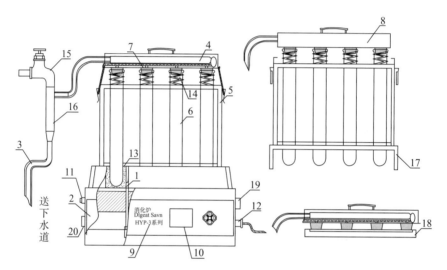

图 11-1 KDN 型定氮仪-HYP 八孔消化装置

1—热电偶;2—外壳;3—胶管;4—排气管;5—消化炉支架;6—消化管;7—密封圈;8—毒气罩;9—温控仪;
10—显示屏;11—保险丝;12—电源插头;13—导热体;14—弹簧;15—水龙头;16—吸气泵;
17—冷却架;18—毒气罩摆放盘;19—总开关;20—扁开关(四孔、八孔消化炉用)

(2) KDN 型定氮仪-102C 型蒸馏装置(图 11-2)

(3) 与 HYP 八孔消化装置相配套的消化管。

(4) 分析天平:感量 10^{-4} g。

(5) 酸式滴定管:25 mL 或 10 mL。

(6) 锥形瓶:容量为 250 mL。

2. 主要试剂

(1) 硫酸:分析纯。

(2) 混合催化剂:分析纯无水硫酸钠 32 g,分析纯硫酸汞 5 g 和纯度在 98% 以上的硒粉 0.5 g,研细且混合均匀后备用。

(3) 高锰酸钾或铬酸酐:分析纯。

(4) 硼酸溶液 30 g/L:将 30 g 分析纯硼酸溶于 1 000 mL 的水中,加热溶解,过滤后备用。

(5) 混合碱溶液:将氢氧化钠 370 g 和硫化钠 30 g 溶解于蒸馏水中,配成 1 000 mL 溶液。

(6) 无水碳酸钠:优级纯、基准试剂或碳酸钠纯度标准物质。

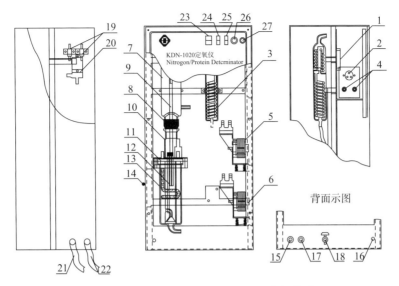

图 11-2　KDN 型定氮仪-102C 型蒸馏装置

1—控制线路板；2—电源插座；3—冷凝管；4—熔断器；5—水泵；6—碱泵；7—防溅管；8—防溅管密封圈；
9—蒸汽导出管；10—消化管；11—蒸发炉总成；12—液面线；13—加热管；14—升降柄；15—进水口；
16—出气口；17—出水口；18—排水口；19—气阀；20—电磁阀；21—碱液管；22—蒸馏水管；
23—电源总开关；24—蒸汽开关；25—碱开关；26—水位指示灯；27—加热指示灯

（7）硫酸标准溶液 $c\left(\frac{1}{2}H_2SO_4\right)=0.025$ mol/L：于 1 000 mL 容量瓶中加入约 40 mL 蒸馏水，用移液管吸取 0.7 mL 硫酸（密度为 1.84 g/cm³）缓缓加入容量瓶中，加水稀释到刻度，并充分振荡均匀。

硫酸标准溶液的标定：于锥形瓶中准确称取 0.02 g（称准至 0.000 2 g），预先在 130℃下干燥至恒重的无水碳酸钠，加入 50～60 mL 蒸馏水溶解，然后加入 2～3 滴溴甲酚绿-甲基红指示剂，用硫酸标准溶液滴定到由蓝绿色变为微红色。蒸沸，赶出二氧化碳，冷却后，继续滴定到微红色。

按式（11-1）计算硫酸标准溶液的浓度：

$$c=\frac{m}{0.053V} \tag{11-1}$$

式中，c 为硫酸标准溶液的浓度，mol/L；m 为称取的无水碳酸钠的质量，g；V 为硫酸溶液用量，mL；0.053 为无水碳酸钠 $\left(\frac{1}{2}Na_2CO_3\right)$ 的摩尔质量，g/mmol。取 4 次标定值的算术平均值作为硫酸标液的浓度，保留 4 位有效数字（极差不大于 0.000 60 mol/L）。

（8）蔗糖：分析纯。

（9）溴甲酚绿-甲基红混合指示剂：

① 称取 0.1 g 溴甲酚绿，研细，溶于 100 mL 95％乙醇溶液中，存于棕色瓶；

② 称取 0.2 g 甲基红，研细，溶于 100 mL 95％乙醇溶液中，存于棕色瓶；

③ 使用时将①和②按体积比 3：1 混合，混合指示剂的使用期一般不应超过 1 周。

（10）甲基红-亚甲基蓝混合指示剂：

① 称取 0.1 g 甲基红,研细,溶于 100 mL 95％乙醇溶液中,存于棕色瓶；

② 称取 0.1 g 亚甲基蓝,研细,溶于 100 mL 95％乙醇溶液中,存于棕色瓶；

③ 使用时将①和②按体积比 2∶1 混合,混合指示剂的使用期一般不应超过 1 周。

四、实验步骤

1. 试样称量及试剂加入

在擦镜纸上称取粒度小于 0.2 mm 的分析试样(0.2±0.01)g(称准到 0.000 2 g),把试样包好,放入消化管中,依次加入硫酸(密度为 1.84 g/cm³)5 mL 和混合催化剂 2 g 混匀,移至通风橱里,再加入高锰酸钾或铬酸酐 0.2 g 左右。

2. 消化操作

打开连接吸气泵的水龙头,将装有试样的消化管放在消化炉支架上,套上毒气罩,压下毒气罩锁住二面拉钩；把支架连同装有试样的消化管一起移到电热炉上,保持消化管在电炉中心,设定温度在 420～500℃保持消化管中液体连续沸腾,沸酸在瓶颈部下冷凝回流。待溶液消煮至清澈透明,无黑色颗粒为止(煤样一般需要 2～3 h,生物质 3～4 h)；消化结束,戴上手套,将支架连同消化管一同移回消化管托底上,冷却至室温。注意,在冷却过程中,毒气罩必须保持吸气状态(切忌放入水中冷却),防止废气溢出。

3. 蒸馏操作

（1）蒸馏前准备

如图 11-2 所示,接通进水口(15)、出水口(17),注意排水胶管出水口,不得高于仪器底平面,同时关闭排水口(18)。

接通电源,电源线内必须有良好的接地线,同时必须保持同仪器匹配(注意接通电源时,必须关闭汽、碱开关)。

进液胶管(21、22)分别插入混合碱溶液和蒸馏水中。

（2）蒸馏操作

打开自来水给水龙头,使自来水经过给水口进入冷凝管。注意水流量以保证冷凝管起到冷却作用为止。

待红色指示灯亮,打开汽开关直至蒸汽导出管(9)放出蒸汽,关汽开关。

在蒸馏导出管托架上,放上已经加入 20 mL 硼酸溶液和 2～3 滴甲基红-亚甲基蓝混合指示剂的锥形瓶。向下压右侧手柄使蒸馏导出管的末端浸入接受液内。

在消化完全冷却后的消化管内,逐个加入 10 mL 左右的蒸馏水稀释样品,如微量蒸馏,需先开汽开关,消化液移至定容瓶内定容,然后按需移液至消化管内。

向上提左侧手柄(14),将消化管内套在防溅管密封圈(8)上,稍加旋转使其保持接口密封,关上防护罩。

加碱：打开碱开关，加入 25 mL 左右混合碱溶液，关碱开关。（注意：如仪器连续数天停止使用，必须先吸空胶管和碱泵内的碱液，然后用 10% 的盐酸或硼酸溶液过滤胶管和碱泵；再用蒸馏水过滤一次即可）。

开汽开关，开始蒸馏，直至氨气全部蒸出。先将接收瓶取下，取洗瓶用蒸馏水冲洗接收管，洗液收入锥形瓶中，总体积约 110 mL。关汽开关。

每日在试样分析前蒸馏装置须用蒸汽进行冲洗空蒸，待馏出物体积达 100～200 mL 后，再正式放入试样进行蒸馏。

4. 滴定

吸收氨后的吸收液，用标定后的硫酸标准溶液进行滴定，溶液由蓝绿色变为微红色即为终点。由硫酸用量计算试样中氮的质量分数。

5. 空白试验

用 0.2 g 蔗糖代替样品进行空白试验。以硫酸标准溶液滴定体积相差不超过 0.05 mL 的 2 个空白测定平均值作为当天（或当批）的空白值。

五、实验数据记录和处理

实验数据记录于表 11 - 1 中。

表 11 - 1　含碳固体原料中氮含量的测定实验数据记录表

样品名称：					
消化温度/℃		消化时间：		硫酸标液浓度/(mol/L)	
编号	样品质量/g	$V_初$/mL	$V_末$/mL	ΔV/mL	N_{ad}/%

N_{ad} 按照式(11 - 2)计算

$$N_{ad} = \frac{c(V_1 - V_2) \times 0.014}{m} \times 100\% \qquad (11 - 2)$$

式中，N_{ad} 为分析试样中氮的质量分数，%；c 为硫酸标准溶液的浓度，mol/L；V_1 为硫酸标准溶液的用量，mL；V_2 为空白试验时硫酸标准溶液的用量，mL；m 为分析试样的质量，g；0.014 为 N 的摩尔质量，g/mmol。

测定值和报告值均保留到小数点后二位。

六、精密度

氮含量测定的重复性限和再现性临界差按表 11 - 2 规定。

表 11 - 2　氮含量测定的重复性限和再现性临界差

重复性限(ω_{Nad})/%	再现性临界差(ω_{Nd})/%
0.08	0.15

七、注意事项

1. 试样消化时间不能过长,否则易使硫酸铵与硫酸氢铵分解,从而导致测定的结果偏低。因此,试样的消化应及时结束。

2. 要防止消化瓶中沸腾过于剧烈。

3. 更换水、试剂或仪器设备后,应进行空白试验。

4. 对难分解的试样,应磨细到粒度为 0.1 mm 以下,必须加入高锰酸钾或铬酸酐。分解后无黑色颗粒物表示消化完全。

八、思考题

1. 开氏法定氮的基本原理是什么? 有哪些主要反应?

2. 测定过程中应注意哪些事项(除第七节中已列)?

3. 消化过程中为什么要保持水龙头负压?

4. 通过查阅文献,试列出有效控制 NO_x 排放的措施。

实验十二　含碳固体原料灰熔融性测定

一、实验目的

掌握灰锥的制作方法与灰熔融性测定仪的使用方法;掌握通过观察原料灰的熔融过程获得四个熔融特征温度的方法;分析原料灰熔融性的影响因素,以及四个特征温度对含碳固体原料工业应用的指导意义。

二、基本原理

灰熔融性习惯被称为"灰熔点",是指原料灰受热后逐渐从固态向液态转化的过程,由于煤等含碳固体灰是由多种矿物组成的混合物,不存在严格意义上的熔点,因此用原料灰的熔融性来表示。灰熔融性测定的主要方法有灰锥法、热机械法、灰柱法等。

本实验采用灰锥法测定原料灰的熔融性,灰锥法是目前最为广泛接受和使用的灰熔融性描述方法之一。具体操作步骤为将灰样制成一定形状和尺寸的三角锥体,放在通入一定气体介质(气氛)的高温炉中,高温炉以一定的控温速率升温,灰锥受热熔融后形态发生变化,观察灰锥熔融过程并记录获得灰样的四个熔融特征温度。在工业锅炉和气化炉中,灰成渣部位的气体介质大都呈弱还原性,因此灰熔融性的测定通常在模拟工业条件的弱还原性气氛中进行,但根据要求也可在强还原性气氛和氧化性气氛中进行。

灰锥熔融的特征示意如图 12 - 1 所示,灰熔融的四个特征温度描述如下：变形温度 (deformation temperature，DT)，锥体尖端开始变圆或弯曲时的温度;软化温度(sphere temperature，ST)，锥体弯曲至锥尖触及托板或锥体变球形时的温度;半球温度(hemisphere temperature，HT)，灰锥变形至近似半球形,即高约等于底长的一半时的温度;流动温度(flow temperature，FT)，锥体熔化展开成高度在 1.5 mm 以下的薄层时的温度。

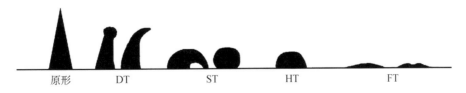

图 12 - 1　灰锥熔融特征示意图

含碳固体原料灰主要由无机矿物质组成,灰的熔融本质上是原料灰在高温下的矿物质转化。因此,原料灰的矿物质组成与其熔融性具有最直接的关系,但由于原料灰的复杂性,特别是高温下其矿物质组成和含量难以准确确定,并且矿物质组成测试方法还难以普及,各国学者通常把原料灰组成用 SiO_2、Al_2O_3、CaO、Fe_2O_3、MgO、Na_2O、K_2O、TiO_2、SO_3、P_2O_5 来表示。目前关于灰化学组成对原料灰熔融性的影响普遍用酸碱理论来解释,即酸性氧化物起到提高原料灰熔融温度的作用,而碱性氧化物起降低原料灰熔融温度的作用,工业应用中通常通过调节灰的化学组成以调控原料灰的熔融性。原料灰的熔融性测定具有重要的工业应用背景与意义。煤等含碳固体原料的热转化与石油、天然气转化相比,工艺更为复杂。其原因有很多,除其是固态外,很重要的一个原因是固体原料往往含有大量的无机矿物质灰分,灰分作为无法避免的转化产物,必须及时移除。在原料的燃烧、气化等工业利用过程中,通常有液态排渣和固态排灰两种方式。而原料灰的熔融性是决定采用何种排灰方式的关键指标。

三、仪器设备和试剂

本实验采用 ZRC2000 型灰熔点测定仪测试含碳固体原料灰的熔融性,所用的设备和试剂介绍如下。

1. ZRC2000 型灰熔点测定仪:由旋转式管式高温炉、微型计算机系统和 CCD 摄像机三部分组成,高温炉示意图如图 12 - 2 所示。

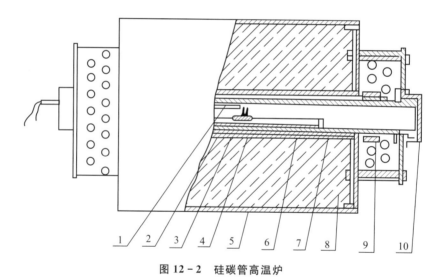

图 12 - 2 硅碳管高温炉

1—热电偶;2—硅碳管;3—灰锥;4—刚玉舟;5—炉壳;6—刚玉外套管;
7—刚玉内套管;8—泡沫氧化铝保温砖;9—电极片;10—观察孔

2. 铂铑-铂热电偶及高温计:量程 $0\sim1\,500\,℃$,精度 1 级,校正后使用。使用时热电偶需加气密的刚玉套管保护。

3. 灰锥模具:试样用灰锥模具制成三角锥体,锥高为 20 mm,底为边长 7 mm 的正三角形,锥体之一侧面垂直于底面。灰锥模具如图 12 - 3 所示,由不锈钢制成。

4. 灰锥托板:托板必须在 1 500 ℃ 下不变形

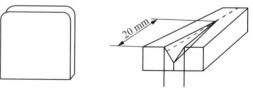

图 12 - 3 灰锥模子

且不与灰样发生反应,不吸收灰样。其结构如图 12-4(a)所示。

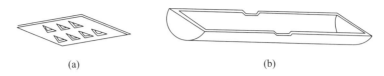

(a)　　　　　　　　　　　(b)

图 12-4　灰锥托板模子和刚玉舟

5. 刚玉舟:耐温 1 500℃ 以上,能盛放足够量的碳物质,如图 12-4(b)所示。

6. 墨镜:蓝色或黑色。

7. 手电筒。

8. 碳物质:灰分≤15%,粒度≤1 mm 的无烟煤、石墨或其他碳物质。

9. 糊精:化学纯,配成 100 g/L 水溶液(煮沸)。

10. 二氧化碳。

11. 氢气或一氧化碳。

12. 煤灰熔融性标准物质:可用来检查试验气氛的煤灰熔融性标准物质。

13. 玛瑙研钵。

四、实验步骤

1. 用玛瑙研钵将预制好的灰样研细至 0.1 mm 以下。

2. 取 1~2 g 样品灰放在瓷碗里,用数滴糊精溶液润湿并调成可塑状,然后用小刀铲入灰锥模中挤压成型。用小刀将模内灰锥小心地推至瓷板上,于空气中风干或于 60℃ 下干燥备用。

3. 将已制备好的灰锥置于灰锥托板的三角坑内,用糊精水溶液使之固定,并使灰锥垂直于底面的侧面与托板表面垂直。一般每个煤样做两个灰锥平行样。

4. 将带灰锥的灰锥托板置于刚玉舟的槽中,然后在刚玉舟里放置控制炉内气氛用的物质。按不同气氛的要求碳物质的种类和质量可能不同,它们可以有不同种类。

弱还原性气氛:封入一定量含碳物质,即在刚玉舟中央放置石墨粉 5~6 g(对气密刚玉管炉膛);或在刚玉舟中央放置石墨粉 15~20 g,两端放置无烟煤 40~50 g(对气疏高刚玉管炉膛)。此外,也可用通气法即炉内温度达到 600℃ 开始通入(50±10)%(体积分数)的氢气和(50±10)%(体积分数)的二氧化碳混合气体,或者(40±5)%(体积分数)的二氧化碳和(60±5)%(体积分数)的一氧化碳混合气体。通气速度以能避免空气渗入为准,可为 800~1 000 mL/min。

氧化性气氛:刚玉舟内不放任何碳质物质,并使空气在炉内自由流通。

本实验在还原气氛下进行,称取 5 g 无烟煤,在刚玉舟的底部铺满一层。

5. 将热电偶插入炉膛,并使其热端位于高温恒温区中央正上方,但不触及炉膛。

6. 打开高温炉炉盖,将刚玉舟徐徐推入炉膛,并使灰锥紧邻热电偶热端(相距 2 mm 左右),关上炉盖。

7. 开启灰熔点仪电源,打开电脑软件,点击开始升温,炉膛开始加热。控温速率:900℃ 以下为 15~20℃/min,900℃ 以上为(5±1)℃/min。

8. 随时观察灰锥的形态变化(高温下观察时,需戴上墨镜),记录灰锥的四个熔融特征温度,即变形温度、软化温度、半球温度和流动温度。

9. 待全部灰锥都达到流动温度或炉温升至1 500℃时断电,结束实验。

五、实验数据记录和处理

1. 记录每个灰锥试样的四个熔融特征温度 DT、ST、HT 和 FT,灰样的特征温度取平行灰锥的平均值,并修正为整数。

2. 记录试验气氛的性质及控制方法。

3. 对某些灰样可能得不到明确的特性温度,当发生下述情况时,此时应记录这些现象及相应温度:

(1) 烧结,试样明显缩小至似乎熔化,但实际上却变成一烧结块,保持一定外形轮廓;

(2) 收缩,试样由于表面挥发而缩小但却保持原来的形状和尖锐的棱角;

(3) 膨胀和鼓泡。

六、精密度

灰熔融性测定的精密度规定见表12－1。

表 12 - 1　灰熔融性测定的精密度

熔融特征温度	精　密　度	
	重复性限/℃	再现性临界差/℃
DT	60	—
ST	40	80
HT	40	80
FT	40	80

七、注意事项

1. 某些高熔点(一般是指大于1 400℃)的灰样,在升温过程中会出现在较低温度下锥尖开始微弯,然后变直,到一定温度后又弯曲的现象。第一次弯曲往往不是由于灰锥局部熔化,而是由于灰分失去结晶水而造成的,故此时的温度不作为DT,应以第二次弯曲的温度作为DT。

2. 试样的实际受热温度和热电偶热端的温度之差是煤灰熔融性测定的误差来源之一。为了使试样和热电偶热端之间,以及试样之间在一个温度梯度相当小的区域内受热,要求炉子恒温带不小于20 mm。

3. 大多数灰熔融测试仪的测试范围为不大于1 500℃;特征温度大于1 500℃的数据记作

大于 1 500℃。

八、思考题

1. DT、ST、HT、FT 的温度间隔大小对实际应用有何意义？
2. 用灰锥法测定煤灰的熔融性的主要优缺点是什么？
3. 为何通常选用弱还原性气氛测定煤灰熔融性？

实验十三　可视化锅炉水循环实验（含红外温度测量）

一、实验目的

通过演示实验,掌握锅炉自然水循环的基本原理;观察在自然循环条件下平行并列管中气、液两相的流动状态;了解自然水循环中的常见故障如停滞与倒流现象;了解红外测温的基本原理及功能。

二、实验原理

锅炉工作的可靠性在很大程度上取决于水循环的工况,对于在高温下工作的对流管束和水冷壁,为了避免管壁温度迅速升高,必须由流动的水来冷却,从而防止金属管壁的损坏破裂。自然水循环是目前小型锅炉中普遍采用的水循环方式。

自然循环锅炉中的循环动力是靠上升管与下降管之间液柱重力差来维持的,其自然循环回路如图 13-1 所示,由上锅筒(汽包)、下集箱、上升管和下降管组成。上升管由于受热,工质随温度升高而密度变小;或在一定的受热强度及时间下,上升管会产生部分蒸汽,形成汽水混合物,从而也使上升管工质密度大大降低。这样,不受热的下降管工质密度与上升管工质密度存在一个差值,依靠这个密度差产生的压差,能够使上升管的工质向上流动,而下降管的工质向下流动来进行补足,这便形成了循环回路。只要上升管的受热足以产生密度差,循环就不会停止。

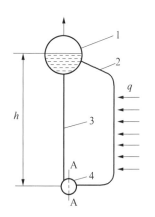

图 13-1　单管自然循环回路

1—上锅筒(汽包);2—上升管;
3—下降管;4—下集箱

循环回路是否正常,将影响锅炉是否能够安全运行。如果是单循环回路(只有一根上升管和一根下降管),上升至锅筒的工质将由下降管完全得到补充,使上升管得到足够的冷却,因而循环是正常的。但锅炉的水冷壁并非简单的回路各自独立,而是由若干上升管并列组成受热管组,享有共同的上锅筒、下降管、下集箱,如图 13-2 所示。这样组成的自然循环比单循环更复杂,各平行管之间的循环相互影响,在各管受热不均匀的情况下,一些管子将出现停滞、倒流现象。

循环停滞是指在受热弱的上升管中,其有效压头不足以克服下降管的阻力,使汽水混合物处于停滞状态,或流动得很慢,此时只有气泡缓慢上升,在管子弯头等部位容易产生气泡的积累使管壁得不到足够的水膜来冷却,从而导致高温破坏。

循环倒流是指原来工质向上流动的上升管,变成了工质自上而下流动的下降管。产生倒流的原因亦是在受热弱的管子中,其有效压头不能克服下降管阻力。如倒流速度足够大,也就是水量较多,则有足够的水来冷却管壁,管子仍能可靠地工作。如倒流速度很小,则蒸汽泡受浮力作用可能处于停滞状态,容易在弯头等处积累,使管壁受不到水的冷却而过热损坏。这两种特殊故障都是锅炉运行中应该避免的。本实验主要是使学生对此两种循环故障有深刻的了解。

红外测温技术在生产过程中,在产品质量控制和监测、设备在线故障诊断和安全保护,以及节约能源等方面发挥着重要作用。近20年来,非接触红外测温仪在技术上得到迅速发展,性能不断完善,功能不断增强,品种不断增多,适用范围也不断扩大。比起接触式测温方法,红外测温有着响应时间快、无须接触、使用安全及使用寿命长等优点。

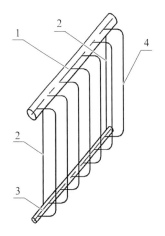

图 13-2　列管复合自然循环回路

1—上锅筒(汽包);2—下降管;
3—下集箱;4—上升管

红外测温仪工作原理如图 13-3 所示:一切温度高于绝对零度的物体都在不停地向周围空间发出红外辐射能量。物体的红外辐射能量的大小及其波长的分布,与它的表面温度有着十分密切的关系。因此,通过对物体自身辐射的红外能量的测量,便能准确地测定它的表面温度,这就是红外辐射测温的原理。光学系统汇集其视场内的目标红外辐射能量,视场的大小由测温仪的光学零件以及位置决定。红外能量聚焦在光电探测仪上并转变为相应的电信号。该信号经过放大器和信号处理电路,按照仪器内部的算法和目标发射率校正后,转变为被测目标的温度值。除此之外,还应考虑目标和测温仪所在的环境条件,如温度、气氛、污染和干扰等因素对性能指标的影响及修正方法。

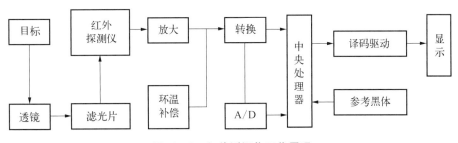

图 13-3　红外测温仪工作原理

三、实验装置

本实验装置如图 13-4 所示,设置有不锈钢上锅筒 1 个、下集箱 1 个、上升管 7 根、下降管 3 根,电加热丝 7 组,加热控制开关 7 组。全不锈钢主体,锅筒两侧安装等面积视镜,可观察锅筒内水对流状态。

参数规格如下:

1. 玻璃上升管 7×Φ20 mm。

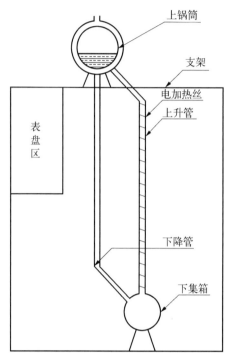

图 13-4　自然水循环实验装置图

2. 单根上升管加热功率 500 W。

3. 玻璃下降管 $3 \times \Phi 25$ mm。

4. 工作电源：三相五线$(380 \pm 10\%)$V,50 Hz。具有接地保护,漏电保护,过流保护。

5. 自然水循环锅炉实验装置本体外形尺寸：650 mm$\times$680 mm$\times$1 550 mm。

四、实验步骤

1. 使用前,检查上锅筒中的水位,如水位不够,应适量添加水,并记录水温。

2. 先将各加热调节功率调至零位,检查电路和仪表无异常情况后,将各加热开关 1、2、3、4、5、6 和 7 置于接通位置。

3. 接通三相电源,打开总电源开关。

4. 打开红外测温仪,监控并记录上锅筒及上升管温度。

5. 调节四个加热功率调节,加热约半小时左右,直到系统进入沸腾状态。此时可以从上升管和下降管中观察到正常的自然水循环状态,所有的上升管中的水向上流动,而下降管中的水则向下流动。在沸腾剧烈时,可以看到管中产生柱状和弹状气泡的水、汽流动状态。在此过程中记录各管道水温的变化过程。

6. 为了能够在水循环系统中演示常见的故障——停滞和倒流现象,在上述实验工况下,可采用三种方案来模拟一些上升平行管的受热不均匀情况,从而可能在受热弱的上升管中产生并观察到上述故障现象。

7. 三种方案如下,可择其一进行实验：

（1）选定任一加热电路,连通两根上升管的加热开关,再下调这个加热功率,会出现两根上升管同时降温,从而可能导致在这些受热弱的上升管中出现故障。

（2）选定任一加热电路,断开两根上升管的加热开关,再下调这个加热功率,会出现两根上升管同时降温,也可能导致在这些受热弱的上升管中出现故障。

（3）选定任一加热电路,断开两根上升管的加热开关,但不下调这个加热功率,就会只有相应的两根上升管断电不加热,也有可能导致在这两根受热弱的上升管中出现故障。

8. 实验结束后,将所有加热功率调至零位,并断开自然水循环锅炉实验装置本体总电源;关闭红外测温软件及电脑,断开红外测温仪电源。

五、实验数据记录和处理

请将实验数据记录于表13-1中,每间隔2 min记录一次,并根据数据,作上升管、下降管、上锅筒、下集箱温度随时间的变化曲线。

表 13-1　可视化锅炉水循环实验原始数据记录表

	上　升　管							下　降　管			上锅筒	下集箱
	上升管1	上升管2	上升管3	上升管4	上升管5	上升管6	上升管7	下降管1	下降管2	下降管3		
加热功率/W								—	—	—		
初始温度/℃												
时间	温度(红外测温仪测量最高值)/℃											

续　表

	上　升　管							下　降　管			上锅筒	下集箱
	上升管1	上升管2	上升管3	上升管4	上升管5	上升管6	上升管7	下降管1	下降管2	下降管3		

六、注意事项

1.加水时应注意避免水洒在接触调压器及电线上,引起触电。

2.缓慢调节加热功率,防止玻璃管爆炸。

3.观察时做好记录,注意与观察对象的距离,防止烫伤和碰坏玻璃管。

4.上锅筒水位不宜太高,否则难以观察到下降管的汽化现象。

5.合理调节红外测温仪的拍摄角度,以正确测量各管道温度。

七、思考题

1.通过直观的观察,简述自然循环的原理和建立过程。

2.上升管中气、水两相的流型有几种?各自特点是什么?

3.实验中,观察到了哪几种循环故障?试分析其产生的原因,如何防止?

4.红外测温的原理是什么?

5.红外测温需考虑哪些因素的影响?其对应的修正方法是什么?

实验十四 制冷压缩机性能实验

一、实验目的

了解制冷循环系统的组成；测定制冷机性能；分析影响制冷机性能的因素。

二、实验装置

采用全封闭活塞式制冷压缩机性能实验台测定制冷压缩机运行性能。蒸发器和冷凝器均为水换热器。实验台的主实验为液体载冷剂法，辅助实验为水冷凝热平衡法。实验装置结构及工作原理如图 14 - 1 所示。

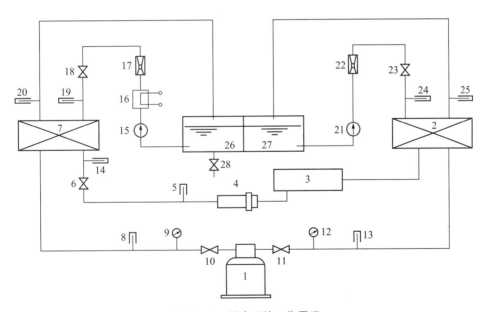

图 14 - 1 制冷系统工作原理

1—压缩机;2—冷凝器;3—储液罐;4—干燥器;5—节流阀前温度计;6—节流阀;7—蒸发器;
8—吸气温度计;9—吸气压力计;10—吸气截止阀;11—排气截止阀;12—排气压力计;
13—排气温度计;14—节流阀后温度计;15—蒸发器冷载体水泵;16—加热器;17—流量计;
18—调节阀;19—蒸发器前温度计;20—蒸发器后温度计;21—冷凝器载体水泵;22—流量计;
23—调节阀;24—冷凝器前温度计;25—冷凝器后温度计;26,27—水箱;28—排水阀

三、实验步骤

1. 预习实验指导书及安装使用说明书,详细了解实验系统各部分的作用,掌握制冷系统的操作规程和制冷工况的调节方法,熟悉各测试仪表的安装使用方法。

2. 按安装使用说明书规定方法启动水循环系统及制冷循环系统。

3. 按指导教师要求并参考安装使用说明书介绍的方法调节运行工况。

4. 待工况稳定后测定蒸发压力、冷凝压力、吸气温度、排气温度、过冷温度、蒸发器和冷凝器进出水温度及流量、压缩机的输入电功率等参数。

5. 为提高准确性,每间隔 10 min 测读一次数据,取三次记录数据的平均值作为测试结果。测试该运行工况结束(三次记录均应在稳定工况要求范围内)。

6. 改变工况,重复上述实验。

7. 实验结束后,按安装使用说明书规定方法停止系统工作。

四、实验数据记录与结果处理

请将实验数据记录于表 14-1~表 14-3,并通过下式处理结果。

1. 压缩机制冷量 $Q(\mathrm{kW})$

$$Q = Q_1 \cdot \frac{H_1 - H_3}{H_1' - H_3'} \cdot \frac{V_1'}{V_1} \qquad (14-1)$$

其中,蒸发器换热量 $Q_1(\mathrm{kW})$

$$Q_1 = G_Z \cdot c_p (t_1 - t_2) \qquad (14-2)$$

式中,G_Z 为载冷剂(水)的流量,kg/s;c_p 为载冷剂(水)的比定压热容,kJ/(kg·K);t_1、t_2 为载冷剂(水)的进出口温度,℃;H_1 为在规定吸气温度、吸气压力下制冷剂蒸气的焓值,kJ/kg;H_3 为在规定过冷温度下,节流阀前液体制冷剂的焓值,kJ/kg;H_1' 为在实验条件下,离开蒸发器的制冷剂蒸气的焓值,kJ/kg;H_3' 为在实验条件下,节流阀前液体制冷剂的焓值,kJ/kg;V_1 为在压缩机规定吸气温度、吸气压力下制冷剂蒸气的比容,m³/kg;V_1' 为在压缩机实际吸气温度、吸气压力下制冷剂蒸气的比容,m³/kg。

2. 压缩机电功率 $N(\mathrm{kW})$

$$N = I \cdot U \qquad (14-3)$$

式中,I、U 分别为封闭式压缩机的输入电流(A)和输入电压(V)。

3. 能效比

$$EER = Q/N \qquad (14-4)$$

4. 热平衡误差

$$\Delta = \frac{Q_1 - (Q_2 - N)}{Q_1} \times 100\% \qquad (14-5)$$

$$Q_2' = G_L \cdot c_p (T_1 - T_2) \qquad (14-6)$$

式中，Q_2 为冷凝器换热量，kW；G_L 为冷凝器水的流量，kg/s；T_1、T_2 为冷凝水的进出口温度，℃；c_p 为水的比定压热容，kJ/(kg·K)。

表 14-1　蒸发器热负荷 Q_1

时　间	G_1	t_1	t_2	Q_1
平　均				

表 14-2　制冷压缩机制冷量 Q 和能效比 EER

时间	H_1	H_3	H_1'	H_3'	V_1	V_1'	Q	I	U	N	EER
平均											

表 14-3　冷凝器热负荷计算表 Q_2

时　间	G_L	T_1	T_2	Q_2
平　均				

附：为了便于比较不同活塞式制冷压缩机的工作性能，我国规定了四个温度工况，如表 14-4 所示。其中标准工况和空调工况用于比较压缩机的制冷能力；最大功率工况和最

大压差工况则是压缩机的机械强度、耐磨寿命、阀片合理性和配用电机的最大功率的设计考核指标。

表 14 - 4　活塞式制冷压缩机的温度工况　　　　　　　单位：℃

工　　况	蒸发温度	吸气温度	冷凝温度	过冷温度
标准工况	−15	+15	+30	+25
空调工况	+5	+15	+40	+35
最大功率工况	+10	+15	+50	+50
最大压差工况	−30	±0	+50	+50

五、思考题

1. 试推导实验测试活塞式制冷压缩机制冷量的计算公式。
2. 分析实验结果，指出影响制冷机性能的因素。

实验十五　生物质流化床热解冷态模拟实验

一、实验目的

通过冷态模拟观察流态化的实验现象,建立对流态化过程的感性认识;了解流化床的压降分布原理,通过冷态模拟测定流化床的特性曲线;了解生物质流化床热解的整体过程及关键设备的结构与功能;掌握在生物质给料状态下流化床反应器内流化态建立和稳定的方法。

二、实验原理

1. 流化床基本原理

（1）流化现象

流体从床层下方流入,通过图 15-1 中虚线所示的分布板进入颗粒物料层时,随着流体流速 u_0 的不同,会出现不同的流化现象(图 15-1)。

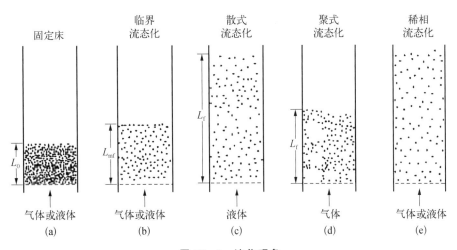

图 15-1　流化现象

（2）固定床阶段

流体流速较低时,固体颗粒静止不动,即未发生流化,床层属于固定床阶段,如图 15-1(a)所示,此时阻力随流体流速增大而增大。

（3）临界流化阶段

流体流速继续增大，颗粒在流体中的浮力接近或等于颗粒所受重力及其在床层中的摩擦力时，颗粒开始松动悬浮，床层体积开始膨胀，当流速继续增大时，几乎所有的粒子都会悬浮在床层空间，床层属于初始流化或临界流化阶段，如图 15-1(b)所示。此时的流速称为临界流化速度或最小流化速度 u_{mf}。

（4）流化阶段

对于液固流化床，当液速 $u_f > u_{mf}$ 时，由于液体与固体粒子的密度相差不大，此种床层从开始膨胀直到气力输送，床内颗粒的扰动程度平缓加大，床层的上界面较为清晰，即床层膨胀均匀且波动较小，床层属于散式流化阶段，如图 15-1(c)所示。散式流态化一般发生在液-固系统。

对于大多数气固流化床，当气速 $u_f > u_{mf}$ 时，床层发生搅动，气体鼓泡现象开始出现。从流态化开始，床层的波动逐渐加剧，但其膨胀程度却不大。因为气体与固体的密度差别较大，气体要将固体颗粒推起来比较困难，所以只有小部分气体在颗粒间通过，大部分气体则汇成气泡穿过床层，而气泡穿过床层时造成床层波动，它们在上升过程中逐渐长大、相互合并，到达床层顶部则破裂并将该处的颗粒溅散，使得床层上界面起伏不定。床层内的颗粒则很少分散开来各自运动，多是聚结成团地运动，被气泡推起或挤开。气泡的聚结引起床层的剧烈波动，床层中形成很多以气泡为主的稀相空间（床层上部）和以颗粒为主的密相空间（床层下部），床层属于聚式流化或鼓泡流化阶段，如图 15-1(d)所示，聚式流态化一般发生在气-固系统，这也是目前工业上应用较多的流化床形式之一。

（5）稀相流化阶段

如果继续加大流体的流速，固体颗粒与流体间的力平衡将被打破，床层上界面消失，大部分颗粒被流体带走，床层属于稀相流化（气力输送）阶段，如图 15-1(e)所示，能把固体颗粒带走的流体流速称为粒子的带出速度或最大流化速度 u_f。

2. 流化床压力降

图 15-2 是均匀砂粒的流态化实验曲线，当流体流速较低时，压降与流速在对数坐标图上近似成正比，随着流速的增大，直到最大压力降外 Δp_{max}（虚线 AB），此时为固定床，Δp_{max} 略大于床层静压，因为粒子流化除克服静压外，还要克服静止状态下粒子之间的静摩擦力（使床层空隙率由固定床空隙率变化到临界床层空隙率 ε_{mf}）。粒子完全松动后，流速增加，压降值不再

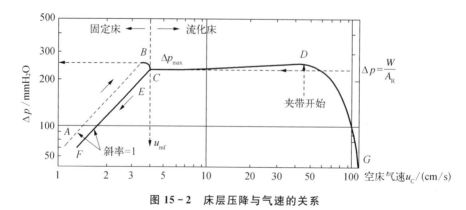

图 15-2 床层压降与气速的关系

增加,反而又恢复到与静压相等,这时系统中粒子与流体间达到力的平衡,处于完全流化状态。图中 C 点为临界流化点,对应的流速即为临界流化速度 u_{mf}。流化阶段,流速增大但床层压降基本保持不变(如图 15-2 CD 实线所示)。当流速超过 D 点所对应的流速后,粒子开始被流体夹带"出局",这时如果不连续补充粒子,固体颗粒将会随着流速的增大,完全被带出反应器,床层压力降急剧下降(如图 15-2 DG 实线所示)。D 点所对应的流速为最大流化速度,亦称粒子带出速度 u_t。若逐渐降低流态化床层流体的流速,床层高度亦逐渐降低,到达临界点 C 点时床层停止流化。继续降低流速,压力降则沿 EF 实线(而不是 BA 虚线)下降。

3. 生物质流化床热解的冷态模拟

生物质可以通过隔绝空气加热的热解过程,获得气(热解气)、固(生物炭)和液(生物油)三相产物。其中,生物质快速热解可以获得较高的生物油产率,所得的生物油可以通过进一步精制制备高品位液体燃料和高值化学品。由于流化床反应器具有传热传质效率高的特点,能够有效实现生物质的连续快速热解,是生物质热解转化制取生物油的主流工艺之一。

在生物质热解过程中,生物质物料在与高温床料接触后发生快速热解,形成生物炭以后被流化气从反应器中带出,并在旋风分离器中发生气固分离。在这种情况下,所使用的流化风速应满足使床料进入流化状态,同时能够使固体热解产物顺利吹出。因此,生物质热解的流化床反应器操作过程较为复杂,在进行热态实验前必须先进行冷态条件下的模拟。通过冷态模拟实验,可以确定满足生物质给料条件的流化风速,认识流化床反应器和旋风分离器内的多相流行为,从而为热态实验提供重要操作依据。

三、实验装置

实验装置如图 15-3 所示。

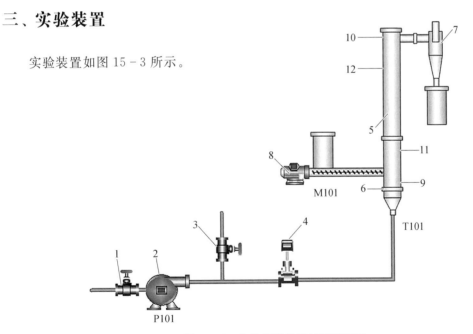

图 15-3　生物质流化床热解装置图

1—涡轮风机进气阀;2—涡轮风机;3—旁路阀;4—流量计;5—流化床反应器;6—布风板;
7—旋风分离器;8—螺旋给料机;9—反应器底端压力测量设备;10—反应器顶部压力测量设备;
11—反应器底端颗粒浓度测量设备;12—反应器顶端颗粒浓度测量设备

四、实验步骤

1. 无生物质进料情况下流化床特性测定

(1) 打开设备电源,打开计算机上的设备控制软件;

(2) 关闭涡轮风机进气阀,打开旁路阀;

(3) 通过设备控制软件启动涡轮风机,逐渐打开涡轮风机进气阀,关闭旁路阀,提高反应器的进气风量,在风量为 $2\sim4\ m^3/h$ 时,观察流化床内床料层的变化,稳定后记录床层压降、床层高度和气体流量;

(4) 继续缓慢增加进气风流,稳定后记录床层压降、床层高度和气体流量,一般测取 $10\sim12$ 个点;

(5) 当流化床床层高度超过溢流口时,为最大流化速度 u_t,流态化状态被破坏,即可停止实验,关闭风机,其他阀门复位。

2. 生物质进料情况下反应器内稳定流态化过程探索

(1) 根据上一环节标定的能使床料达到流态化的流化风速范围,初步选择某一进气风量;

(2) 打开涡轮风机,调节进气阀和旁路阀,使实际进气风量达到所选择的进气风量;

(3) 打开螺旋给料机,设定所需的螺旋给料机转速,开始进料;

(4) 在实验中观察记录反应器底端颗粒浓度值,观察其变化值,若底端颗粒浓度持续增大,则此时风量仍不满足要求;

(5) 当在某一风量下,底端颗粒浓度值基本稳定,即为较合理的流化风量;停止实验,关闭螺旋给料机和风机,并使阀门复位。

五、实验数据记录和处理

将实验数据记录于表 15-1 和表 15-2 中。

1. 无生物质进料情况下流化床特性测定

表 15-1　无生物质进料情况下流化床特性测定实验原始数据记录表

序号	流量/(m³/h)	流速/(cm/s)	压差/Pa
1			
2			
3			
4			

序号	流量/(m³/h)	流速/(cm/s)	压差/Pa
5			
6			
7			
8			
…			

根据以上结果,可得临界流化速度:_____

2. 生物质进料情况下反应器内稳定流态化过程探索

生物质进料的螺旋给料机转速:_____

表 15-2　无生物质进料情况下流化床特性测定原始数据记录表

序号	流量/(m³/h)	流速/(cm/s)	底端颗粒浓度/(kg/m³)
1			
2			
3			
4			
5			
6			
7			
8			
…			

根据以上结果,可得较为合适的流化风速:_____

六、思考题

1.除了本实验涉及的生物质快速热解过程,流化床装置还能应用于哪些工业过程中？请举 2～3 个例子,并简要对这些工业过程进行描述。

2.旋风分离器实现气固分离的原理是什么？

实验十六 蒸汽轮机发电实验

一、实验目的

了解蒸汽轮机发电装置的组成及作用,掌握汽轮机发电实验原理;理解朗肯循环系统的基本规律,利用能量守恒方程进行系统分析和性能计算。

二、基本原理

汽轮机以蒸汽作为工质,将蒸汽的热能转换为旋转机械能,从而带动发电机发电。汽轮机具有单机功率大、效率高、使用寿命长的优点。火电厂、核电厂和地热电厂都用汽轮机来拖动发电机发电。此外,还可以用小汽轮机带动给水泵、风机和压缩机等设备,是良好的工业动力。

蒸汽轮机发电的基本热力学原理是朗肯循环,其工作过程如图 16-1 所示:水在锅炉中定压吸热变为过热蒸汽后,流入汽轮机中等熵膨胀做功,排气在冷凝器中凝结定压放热,凝结水经水泵加压绝热压缩进入锅炉,从而构成一个热力循环。

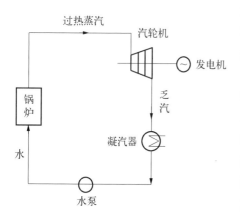

图 16-1 朗肯循环示意图

本实验装置利用蒸汽轮机带动发电机发电,蒸汽轮机所做功的基本单元为蒸汽轮机级,由喷嘴叶片和与它相配合的动叶栅所组成。当具有一定压力、温度的蒸汽通过汽轮机的级时,首先在静叶栅通道中得到膨胀加速,将蒸汽的热能转化为高速汽流的动能,然后进入动叶通道,在其中改变方向或者既改变方向同时又膨胀加速,推动叶轮旋转,将高速汽流的动能转变为旋转机械能,从而完成蒸汽轮机利用蒸汽热能做功的过程。蒸汽轮机带动发电机发电。

根据热力学第一定律,在稳态和稳定流状态下,开口系统的能量方程为

$$Q + m_{in}(h_{in} + KE_{in} + PE_{in}) = m_{out}(h_{out} + KE_{out} + PE_{out}) + W \qquad (16-1)$$

式中,Q 为传热率,表示单位时间内开口系统与外界交换的热量,J/s 或 kJ/s;m_{in}、m_{out} 分别为开口系统进、出口处的质量流量,kg/s;h 为比焓,$h = u + pv$;KE 为动能;PE 为势能;W 为开口系统与外界交换的净功率,W 或 kW。在本系统中动能、势能变化可以忽略,即 $KE = 0$,$PE = 0$。

1. 对于锅炉系统

没有冷凝水回流到锅炉：$m_{in} = 0$
锅炉没有外界做功：$W = 0$
能量方程可简化为：

$$Q_{锅炉} = m_{out} h_{out} \tag{16-2}$$

2. 对于涡轮/发电机系统

涡轮没有热量输入：$Q_{涡轮} = 0$
涡轮进气量与出气量相等：$m_{in} = m_{out}$
能量方程可简化为：

$$W_{涡轮} = m(h_{in} - h_{out}) \tag{16-3}$$

3. 发电机效率

$$\eta = \frac{输出功率}{输入功率} = W_{涡轮}/P_{发电机} \tag{16-4}$$

三、实验装置

蒸汽轮机发电实验装置系统如图 16-2 所示，由锅炉、汽轮机、发电机、冷却塔、水泵、管道、阀门等构成，配备有计算机及数据采集装备。

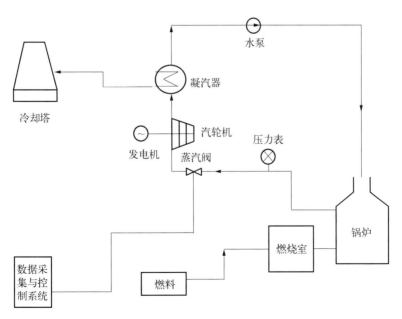

图 16-2　蒸汽轮机发电实验装置系统流程图

四、实验步骤

1. 启动前准备

(1) 锁住脚轮,检查钥匙主开关、燃烧器开关、负载开关、操作面板气阀均处于关闭状态。

(2) 排空锅炉和冷却塔,打开蒸汽进气阀。

(3) 向锅炉中加注蒸馏水 5 000 mL(注意不可超过 5 500 mL)。

(4) 关闭蒸汽进气阀。

(5) 连接电源、燃气源、计算机数据采集系统。

2. 启动和操作

(1) 打开数据采集软件,选择 RankineCycler 1.0 图标,记录数据,选择"log Data To File"。

(2) 打开燃气源,检查燃气是否泄露。

(3) 打开操作面板气阀、主开关。

(4) 打开燃烧器开关,确认燃烧器在 45 s 内点火。

(5) 监测压力表压力和软件显示压力,确认锅炉压力在 3 min 内达到正压。

(6) 预热,在 7 min 内完成预热步骤:

① 当锅炉压力约为 110 psi(758 kPa)时,打开进气阀,使锅炉压力约为 40 psi(276 kPa),不要刻意达到 40 psi,保证足够的预热时间即可。此时应同时打开负载开关,并调节负载旋钮,防止发电机转速过高。

② 关闭进气阀,负载旋钮逆时针到零,关闭负载开关。

③ 当锅炉压力约为 110 psi(758 kPa)时,打开进气阀,使锅炉压力约为 40 psi(276 kPa),不要刻意达到 40 psi,保证足够的预热时间即可。此时应同时打开负载开关,并调节负载旋钮,防止发电机转速过高。

④ 关闭进气阀,负载旋钮逆时针到零,关闭负载开关,锅炉压力约为 110 psi(758 kPa)。

(7) 缓慢打开蒸汽进气阀,使压力稳定在 110 psi 左右。同时打开负载开关,并调节负载旋钮防止超速。

(8) 调节蒸汽进气阀和负载变阻器,以达到稳定蒸汽条件:锅炉压力约为 110 psi,电流约为 0.2 A,电压约为 6 V。首先保证锅炉压力稳定,电压和电流值可能会有差异。

(9) 达到稳态后,记录时间,同时记录此时锅炉玻璃管水位。

(10) 根据需要调节蒸汽进气阀,保证稳态运行。

(11) 合理安排实验时间,监测水位变化(距液位计底部不能少于 2.5 cm,防止锅炉干烧)。

3. 关闭

(1) 实验结束后,记录时间,保存记录数据,数据采集软件选择"End Data Log"。

(2) 关闭燃烧器开关,红灯熄灭。同时迅速关闭蒸汽进气阀,此时应密切监视保证锅炉压力不超压。

（3）标定此时液位计水位,应保证水位距液位计底部不少于 2.5 cm。

（4）依次关闭操作面板气阀、负载开关、主开关、液化气瓶阀门。

（5）打开蒸汽进气阀,泄压。

（6）排空锅炉和冷却塔,关闭并锁死锅炉门。

（7）断开电源,最后再检查一遍。

五、实验数据记录和处理

（1）将实验数据记录于表 16 - 1 中

表 16 - 1　蒸汽轮机发电实验数据记录表

稳态开始时间/s	
稳态结束时间/s	
锅炉初始填充水量/L	
稳态运行初始锅炉水量/L	
稳态运行结束锅炉水量/L	
锅炉温度/℃	
锅炉压力/psi	
涡轮进口温度/℃	
涡轮出口温度/℃	
涡轮进口压力/psi	
涡轮出口压力/psi	
发电机电压/V	
发电机电流/A	

（2）计算锅炉的传热率

根据热力学第一定律,锅炉的能量方程为

$$Q_{锅炉} = m_{out}h_{out} \tag{16 - 5}$$

$$m = \frac{耗水量}{时间} = \frac{\rho \Delta V}{\Delta t} \tag{16 - 6}$$

式中, m_{out} 为锅炉出口处的质量流量,kg/s; h_{out} 为锅炉出口处比焓, $h = u + pv$,可通过查蒸汽图标,得到稳态下蒸汽的焓值 h 。

（3）计算涡轮的功率和发电机效率

根据热力学第一定律，涡轮的能量方程为

$$W_{涡轮} = m(h_{in} - h_{out}) \tag{16-7}$$

$$P = IU \tag{16-8}$$

$$\eta = \frac{输出功率}{输入功率} = \frac{P}{W} \tag{16-9}$$

式中，$W_{涡轮}$ 为涡轮功率，W 或 kW；h_{in}、h_{out} 为涡轮进、出口的比焓，$h = u + pv$；m 为质量流量，kg/s；P 为功率，W。查蒸汽图标得到稳态下，蒸汽的焓值 h。

六、思考题

1. 蒸汽轮机的工作原理是什么？
2. 影响蒸汽轮机发电效率的因素有哪些？

实验十七　固体和液体燃料的元素分析
（Vario Macro Cube 元素分析仪）

一、实验目的

了解元素分析仪的基本原理、微量称重处理、方法设置、定量分析；熟悉元素分析仪在固体和液体燃料元素含量测定中的应用。

二、实验原理

Vario Macro Cube 元素分析仪分为 CHNS 模式和 O 模式两种。CHNS 模式是将样品在高温下的氧气环境中经催化氧化使其燃烧分解，而 O 模式是将样品在高温的还原气氛中通过裂解管分解，含氧分子与裂解管中活性碳接触转换成一氧化碳。生成气体中的非检测气体被去除，被检测的不同组分气体通过特殊吸附柱分离，再使用热导检测器对相应的气体进行分别检测，氦气作为载气和吹扫气。

三、仪器与药品

Vario Macro Cube 元素分析仪 1 台；预装有 Vario Macro Cube 程序计算机 1 台；Shimadzu 高精度天平 1 台；打印机 1 台。磺胺嘧啶（Sulfanilic Acid）标准样品；苯甲酸（Benzoic Acid）标准样品；标准煤样。

四、实验步骤

1. 检漏程序

开机前应打开操作程序菜单，检查"Options"＞"Maintenance"＞"Intervals"中提示的各更换件测试次数的剩余是否还能满足此次测试，通常最应该注意的是还原管、干燥管（可通过观察其颜色变化判断）以及灰分管。检漏前请在未开主机前将操作程序中"Options"＞"Settings"＞"Parameters"中"Comb.tube"和"Reduct.tube"的温度都设置为 0℃，退出操作程序，再按照以下步骤进行正常开机。

（1）开启计算机，进入 Windows 状态。

(2) 取下主机后面尾气的堵头。

(3) 开启主机电源。

(4) 待进样盘底座自检转动完毕(即自转至零位)。

(5) 打开氦气和氧气钢瓶,将气体钢瓶上减压阀输出压力调至:He,0.12 MPa;O_2,0.2 MPa。

(6) 启动 Vario Macro Cube 操作软件。

(7) 进入"Options">"Diagnostics">"Rough Leak Check",将出现检漏自动测试的对话框,将氦气吹扫管路与球阀断开,连接上堵头,点击对话框中"Start",检漏开始,检漏测试后会提示是否通过检漏测试。

(8) 检漏测试通过后,将堵头取下,连接氦气吹扫管路和球阀。

(9) 进入"Options">"Settings">"Parameters"中,"Comb.tube"和"Reduct.tube"的温度分别设置为:Comb.tube:1 150℃;Reduct.tube:850℃。开始升温。

2. 操作程序

(1) 选择标样

进入操作程序"Options">"Settings">"Standards"窗口,在出现的对话框中确认要使用标样的名称,如没有需使用的标样请在对话框中定义。

CHNS 模式:磺胺嘧啶 Sulfanilic Acid(可缩写为 sul),输入 CHNS ‰的理论值。

O 模式:苯甲酸 Benzoic Acid(可缩写为 ben),输入 O‰的理论值。

做日常样品测试时,选择使用"Math">"Factor"功能,点击"Yes"。

(2) 炉温设定

进入操作程序"Options">"Parameters",输入和确认加热炉设定温度,其中 CHNS 模式下 Comb.tube 为 1 150℃,Reduct.tube 为 850℃;O 模式下 Comb.tube 为 1 150℃。

(3) 样品名称、质量和通氧方法的输入

① 进入操作程序,在要输入样品信息的"Name"栏双击鼠标左键,即可输入样品名称。

② 在"Weight"栏输入样品质量,在"Method"栏双击鼠标左键,选择合适的通氧方法。

(4) 建议样品测定顺序(列举 CHNS 模式,其他模式同样,只是标样不同)

① 测试空白值,在"Name"栏双击鼠标左键,选择"Blank",在"Weight"栏输入假设样品重10 mg,在"Method"栏选"blank with O_2"。测试次数根据各元素的积分面积稳定值到:N(Area),C(Area),S(Area)都小于 100;H(Area)<500;O(Area)<500。

② 做 2~3 个条件化测试,样品名双击选择"RunIn",使用磺胺嘧啶标样,约 20 mg,通氧方法选择"sulf1"。

③ 做 3~4 个标煤测试,样品名双击选择"gbw11109g",精确称量约 50 mg,通氧方法选择"Coal50"。

④ 以下可进行 40~60 个样品测试。

⑤ 再做 3~4 个标煤测试,与③相同。

⑥ 以下又可进行 20~30 个样品测试(根据样品性质决定样品量和通氧参数),以下可从步骤③循环执行。

（5）数据计算

进入"Math">"Factor"，在对话框中选用"Carry out factor calculation"功能。

3. 设定分析结束后自动启动睡眠

（1）进入"Options">"Settings"> "Sleep"/"Wake Up"功能对话框。

（2）在"Reduce carrier gas to"中输入需要的值（建议 10%）。

（3）在"Reduce comb. tube temp"中输入需要降低到的温度（建议 0℃）。

（4）在"Reduce reduct. tube temp"中输入需要降低到的温度（建议 0℃）。

（5）选择"Sleeping at end of Samples"功能。

（6）点击"OK"，就可在样品分析结束后（样品质量为 0），仪器自动进入睡眠状态。

（7）启动"Auto"进行样品分析，若启动"Single"执行测试，则以上功能无效。

4. 关机步骤

（1）样品自动分析结束后，如设定睡眠功能，则仪器自动降温，或在"Sleep"/"Wake Up"功能对话框中手动启动睡眠（点击"Sleep Now"），等待 2 个加热炉都降温至 100℃以下。

（2）关闭 He 和 O_2。

（3）退出 Vario Macro Cube 操作软件（执行"File"中的"Exit"）。

（4）关闭主机电源，开启主机加热炉室的门，让其长时间散去余热。

（5）将主机后面的尾气出口堵住。

（6）关闭计算机、打印机和天平等外围设备。

五、注意事项

1. 根据操作模式，在一定的燃烧条件下，Vario Macro Cube 分析仪只适用于对可控制燃烧的大小尺寸样品中的元素含量进行分析。明确禁止对腐蚀性化学品、酸碱溶液、溶剂、爆炸物或可产生爆炸性气体的物质进行测试，这些物质可能对仪器产生破坏，对操作人员造成伤害。对于一些特定物质进行检测，如含氟、磷酸盐或样品含有重金属，会影响到分析结果或仪器部件的使用寿命。

2. 氧气的不足会降低催化氧化剂和还原剂的性能，从而也降低了它们的有效性，减少使用寿命。没有燃烧的样品物质仍然留在灰分管内，并将影响到下一个样品的测试分析结果。

3. 如果电源电压中断超过 15 min，必须对 Vario Macro Cube 仪器进行检漏。这是由于若通风中断，则不能散热，有可能会造成炉室中的 O 形圈的损坏，必要时应更换。

六、数据记录与处理

1. 填表 17-1、表 17-2，处理实验数据。

2. 根据实验结果分析不同煤样中 C、H、N、S 含量的差别。

表 17 - 1 燃料中 C、H、N、S 元素含量

编号	样品名称	质量/mg	$w_N/\%$	$w_C/\%$	$w_H/\%$	$w_S/\%$
1						
2						
3						

表 17 - 2 燃料中 O 元素含量

编号	样品名称	质量/mg	$w_O/\%$
1			
2			
3			

七、思考题

1. Vario Macro Cube 元素分析仪基本原理是什么?

2. 测定过程中应注意哪些事项?

3. 列举几点元素分析仪的应用。

4. 不同煤阶的煤样,其碳、氢含量有什么区别?

5. 样品是否干燥对测定结果有什么影响?

实验十八　含碳固体材料的比表面积和孔结构测试

一、实验目的

学会用 ASAP2020 测定孔结构;了解吸附理论的基本假设和测定固体孔结构的基本原理;掌握固体比表面积的测定方法(BET 法)及掌握 ASAP2020 比表面积及孔隙分析仪的原理、特点及应用。

二、实验原理

1. 低温氮吸附法

本法使用的气体是氦氮混合气,氮气为被吸附气体,氦气为载气。当样品进样器进行液氮浴时,进样器内温度降低至−195.8℃,氮分子能量降低,在范德瓦耳斯力作用下被固体表面吸附,达到动态平衡,形成近似于单分子层的状态。由于物质的比表面积数值和它的吸附量是成正比的,所以通过一个已知比表面积的物质(标准样品)的吸附量和未知比表面积的物质的吸附量作对比,就可推算出被测样品的比表面积。

吸附过程:由于固体表面对气体的吸附作用,混合气中的一部分氮气就会被样品吸附,其氮气浓度便会降低,仪器内置的检测器检测到这一变化后,数据处理系统会将相应的电压变化曲线转化为数字信号通过计算机运算,从而出现一个倒置的吸附峰,等吸附饱和后,氦氮混合气的比例又恢复到原比值,基线重新走平。由于吸附过程不参与运算,所以四组样品可以同时吸附。

脱附过程:吸附过程完毕后,等基线完全走平就可进行脱附操作。脱附操作其实是一个解除液氮浴的过程,在低温下吸附到物质表面的氮分子会解吸出来,从而使混合气体的氮气浓度升高,仪器内置的检测器检测到这一变化后,数据处理系统会将相应的电压变化曲线转化为数字信号通过计算机运算,从而出现一个正置的脱附峰,等脱附过程结束后,氦氮混合气的比例又恢复到原比值,基线重新走平。脱附操作要带入运算公式,所以脱附样品要逐一进行操作。每个样品脱附过程都会形成一个正置的脱附峰,利用软件做相应的积分运算,从而获得被测样品的吸附量,并通过和已知比表面积的标准样品的吸附量作对比,最后得到准确的比表面积数值。

2. 比表面积测试原理

BET 法的原理是物质表面(颗粒外部和内部通孔的表面)在低温下发生物理吸附,假定固体表面是均匀的,所有毛细管具有相同的直径;吸附质分子间无相互作用力;可以有多分子层吸附且气体在吸附剂的微孔和毛细管里会进行冷凝。多层吸附是无须等待第一层吸满即可有第二层吸附,第二层吸附上又可能产生第三层吸附,各层达到吸附平衡时,测量平衡吸附压力和吸附气体量。所以吸附法测得的表面积实质上是吸附质分子所能达到的材料的外表面和内部通孔总表面之和。

吸附温度在氮气液化点附近,低温可以避免化学吸附。相对压力控制在 $0.05\sim0.35$ 之间,低于 0.05 时,氮分子数离多层吸附的要求太远,不易建立吸附平衡,高于 0.35 时,会发生毛细凝聚现象,丧失内表面,妨碍多层物理吸附层数的增加。根据 BET 方程:

$$\frac{p/p_0}{V(1-p/p_0)}=\frac{C-1}{V_m C}\times\frac{p}{p_0}+\frac{1}{V_m C} \tag{18-1}$$

式中,求出单分子层吸附量,从而计算出试样的比表面积。式(18-1)是一个一般的直线方程,如果服从这一方程,则以 $\frac{p}{V(p-p_0)}$ 对 $\frac{p}{p_0}$ 作图得一条直线(图 18-1),而由直线的斜率 $\frac{C-1}{V_m C}$ 和直线在纵轴上的截距 $\frac{1}{V_m C}$ 就可求得 V_m。若样品的质量为 m,用氮气吸附时样品的比表面积:$S_m=\dfrac{4.35V_m}{m}$。

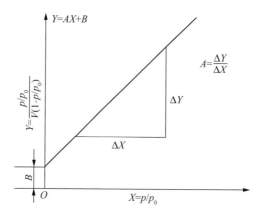

图 18-1　BET 图

3. 孔径分布测定原理

气体吸附法孔径分布测定利用的是毛细冷凝现象和体积等效交换原理,即将被测孔中充满的液氮量等效为孔的体积。毛细冷凝指的是在一定温度下,对于水平液面尚未达到饱和的蒸气,而对毛细管内的凹液面可能已经达到饱和或过饱和状态,蒸气将凝结成液体的现象。由毛细冷凝理论可知,在不同的 p/p_0 下,能够发生毛细冷凝的孔径范围是不一样的,随着值的增大,能够发生毛细冷凝的孔半径也随之增大。对应于一定的 p/p_0 值,存在一临界孔半径 R_k,半径小于 R_k 的所有孔皆发生毛细冷凝,液氮在其中填充。临界半径可由凯尔文方程给出:$R_k=-0.414/\lg(p/p_0)$。R_k 完全取决于相对压力 p/p_0。该公式也可理解为对于已发生冷凝的孔,当压力低于一定的 p/p_0 时,半径大于 R_k 的孔中凝聚液汽化并脱附出来。通过测定样品在不同 p/p_0 下凝聚氮气量,可绘制出其等温脱附曲线。由于其利用的是毛细冷凝原理,所以只适合于含大量中孔、微孔的多孔材料。

三、实验仪器

ASAP2020 比表面积测定仪,液氮,高纯氮,皂膜流量计,电子天平 。

四、实验步骤

1. 称样

(1) 标准样品称样量一般在百毫克数量级,待测样品称样量的多少以体积为准,振动敲平后的体积应控制在样品管装样管体积的 $1/3\sim1/2$,在条件允许的情况下装样量多一些可以减小测试误差。

(2) 称样量原则为:使标准样品质量与比表面积的乘积和待测样品质量与比表面积的乘积基本相等,即测试中的信号强度(峰面积)基本相当。

2. 安装样品管

(1) 样品在安装之前应振动平整,以使所剩空间中气流通畅,安装拿取过程中保持样品管竖直。

(2) 先套上铜螺母,再给样品管两个管臂每端各套两个 O 形圈,套 O 形圈时,两手指应捏在靠近管口的位置,以防样品管折断伤手,不可给样品管施向两竖管间的力,以防样品管断裂。

(3) O 形圈上沿距样品管口 3~5 mm。

(4) 样品管的装样口应安装在装样位的进气口端,否则可能使管壁上粘挂的微量样品粉末被混气带入仪器内部。

(5) 使样品管竖直,切记将加紧螺母拧紧,以防漏气。

3. 样品吹扫脱气处理

(1) 打开吹扫气源高纯 N_2 气瓶(开气步骤:先打开钢瓶总阀,再打开减压阀阀门,将减压阀低压表压力调至 0.1~0.2 MPa,通过调节减压阀开关使流量为 70~85 mL/min)。

(2) 将加热炉接线端口接在主机相应端口上,将加热炉套在样品管上。

(3) 打开吹扫电源,设定好吹扫控温显示的温度。

4. 脱气时间到后,关闭吹扫电源,关闭高纯 N_2。

5. 打开混气气源,将减压阀低压表压力调至 0.1~0.2 MPa,使进气流量计读数为 70~85 mL/min。

6. 取下加热炉,应注意安全,防止烫伤。

7. 等待 5~10 min,待样品管稍冷却,并且气路内部气体组分稳定后,打开电源开关,将电压调大至电流为 100 mA 左右。

8. 打开软件数据处理系统,检查测试界面右下角的"采样板状态"栏是否正常。设置"显示设置"和"试样设置"。注意:开电后再打开软件。

9. 倒入液氮,先倒少许,待杯体温度基本平衡后,再添加至杯深 2/3 左右处。每次测试前应检查杯中液氮面位置,若低于 1/3 杯深,则需添加液氮。

10. 将液氮杯放在升降托上,若样品管上有上次遗留水滴,请擦干,以免引入污染液氮。

11. 开电后 3～5 min,仪器稳定,检查混气流量、衰减旋钮位置等是否符合要求。

12. 通过粗细调零旋钮调零,然后点击"吸附",再逐个上升液氮杯(同时上升液氮杯可能使气路内气体急剧冷缩,造成倒吸现象,影响检测器性能),即开始吸附过程。

13. 待吸附平衡(吸附曲线呈近直线状态至少 2 min 后即可认为吸附平衡)后,点击"完成""确定"。

14. 先调零,然后点击"开始",等待 3～5 s,下降第一个液氮杯,用热水(25℃以上)开始解吸过程(注意:每个样品解吸完成后等待至少 30～60 s,之后先调零,然后开始下一个样品的解吸,即每个样品解吸前均要调零)。

15. 测试过程自动结束,点击"确定",点击"结果"查看测试结果,点击"保存"保存测试数据,点击"打印"打印测试报告。若继续重复测样品,则点击"新建",转第 11 步。

16. 测试过程结束,将电压调为零,关闭电源开关。

五、实验数据及处理

通过图 18-2 可知:氮气吸附-脱附实验符合第四种曲线(根据 IUPAC 定义),存在滞后环,这是介孔材料的典型特征,说明此多孔物质是中孔材料。此材料的吸附容量在 $p/p_0=$ 0.5～0.9 内迅速增加,表明氮气在介孔结构内部发生毛细凝结现象。

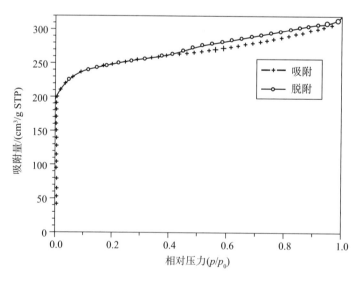

图 18-2 氮气吸附-脱附曲线

由图 18-3 可以看出:此材料的孔径大部分分布在 5～20 nm,说明其是介孔材料。

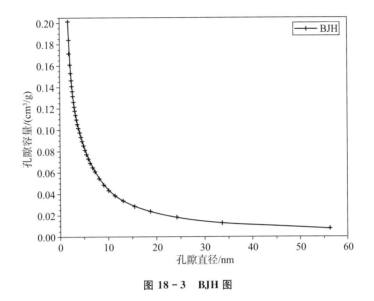

图 18 - 3　BJH 图

由图 18 - 4 可以看出：作图所得的基本是一条直线，说明在此范围内，其符合 BET 模型。而 BET 公式只适用于相对压力为 0.05～0.35，这是因为在推导公式时，假定是多层的物理吸附，当相对压力小于 0.05 时，压力太小，建立不起多层物理吸附，甚至连单分子层吸附也未形成，表面的不均匀性就显得突出；在相对压力大于 0.35 时，由于毛细凝聚变得显著起来，因而破坏了多层物理吸附平衡。

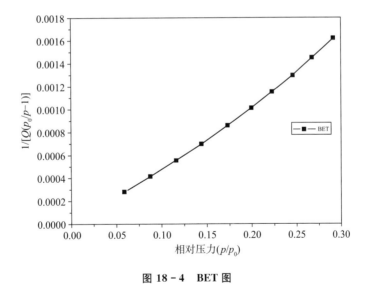

图 18 - 4　BET 图

六、注意事项

1. 打开钢瓶时钢瓶表头的正面不许站人，以免表盘冲出伤人。
2. 关闭钢瓶主阀时，注意勿将各减压阀和稳压阀关闭。

3. 测量时注意计算机操作：在吸附时不点测量按钮，当吸附完毕取下液氮准备脱附时再点调零，测量，进入测量吸附量的阶段。

4. 严格按照顺序关闭仪器。

七、思考题

1. 简述静态体积法物理吸附实验的过程。

2. 对样品进行脱气的目的是什么？在脱气过程中需要注意什么？

3. 冷阱的作用是什么？如果在氮气温度下进行 CO_2 吸附实验来进行比表面积测定，可行吗？为什么？

实验十九　CO_2 吸附与催化转化固定床评价实验

一、实验目的

在"双碳"背景下，CO_2 的治理与转化尤为重要。CO_2 吸附与催化转化固定床评价实验通过吸附剂将 CO_2 进行物理吸附或使用催化剂将 CO_2 转化为甲醇和 CO 等可燃物。

气、固两相的物理吸附或化学反应性实验采用固定床反应器进行评价。固定床反应器指在反应器内装填固相物（吸附剂、催化剂或固体反应物等），形成一定高度的堆积床层，气体物料通过颗粒间隙流过静止固定床层的同时，实现物理吸附、物理化学吸附或非均相气固反应的过程。通过实验，掌握固定床反应装置的一般操作与使用，进一步了解吸附过程、气固非均相反应性评价，以及 CO_2 资源化利用有效途径。

二、基本原理

1. 吸附评价原理

吸附剂吸附性能的评价方法包括静态吸附法和动态吸附法。静态吸附法是指在一定的温度和压力下，吸附剂与被吸附气体组分充分接触而达到吸附平衡。动态吸附法则是指被吸附气体以一定流速连续通过一定体积的吸附剂床层，在此过程中，流出吸附剂床层的被吸附气体浓度从零逐渐增加至进气时的浓度。根据工艺需求，当被吸附气体浓度达到某一特定浓度时，即可认为吸附剂床层被穿透，此时单位质量吸附剂所吸附的气体的量称为穿透吸附量；当出口处被吸附气体的浓度达到入口浓度时，吸附剂吸附达到饱和，此时的吸附量称为饱和吸附量。在进行固定床动态吸附实验时，通过气相色谱分析仪实时记录出口处被吸附气体的浓度，随着气体穿透吸附剂床层，可得到一条动态穿透曲线。根据穿透曲线可计算出吸附剂的穿透吸附量和饱和吸附量。图 19-1 为固定床动态穿透示意图。

2. 催化反应性评价原理

催化剂的性能主要包括转化率与选择性。转化率是指某一反应物转化的百分率；选择性是指在能发生多种反应的反应系统中，同一催化剂促进不同反应的程度的比较。在进行连续固定床反应器催化剂活性评价实验时，反应后气体通过气相色谱仪在线检测。反应后混合气被载气带入色谱柱中，柱中的固定相与试样中各组分分子作用力不同，各组分从色谱柱中流出时间

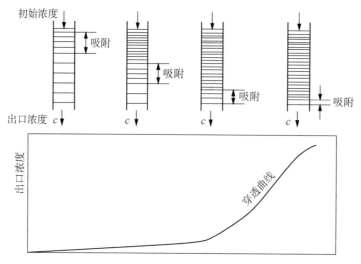

图 19-1 固定床动态穿透示意图

不同,组分彼此分离,从而得到各组分流出色谱柱的时间和浓度的色谱图。根据各组分的出峰时间和顺序,可对其进行定性分析;根据峰面积大小,可对化合物进行定量分析。图 19-2 为各组分的出峰时间和顺序色谱图。

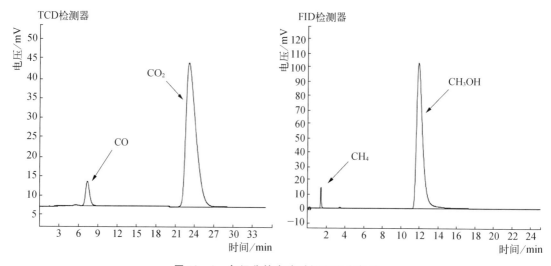

图 19-2 各组分的出峰时间和顺序色谱

三、实验装置

1. 固定床反应器装置

本实验所采用的连续固定床反应器装置结构简图如图 19-3 所示。该系统主要由反应系统、温控系统、压力控制系统、冷却系统和气体检测系统等组成。固定床反应器为长 450 mm、内径 8 mm 的不锈钢反应器;反应器外侧为加热元件和保温材料,通过三根热电偶来检测和控制反应器温度；反应器内压力由反应器末端的背压阀控制；冷却系统用于分离反应器出口的液体产物；为防止产物混合气中低凝固点产品冷凝，反应器出口至检测器进样阀之间的管线应采取保温措施。

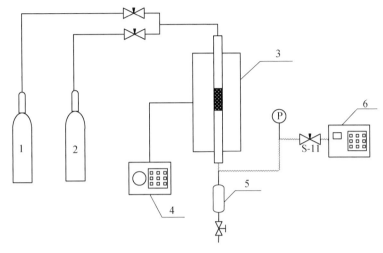

图 19 - 3　连续固定床反应器装置结构简图

1,2—原料气；3—加热炉；4—温控器；5—冷阱；6—气相色谱仪

2. 电子天平

用于准确称取催化剂的质量，精度达到 0.000 1 g。

3. 热电偶

用于校准反应管的温度。

4. 皂泡流量计

用于校准质量流量计。

四、实验准备

1. 温度校准

根据反应所需温度，调节管式炉三段加热丝的输出温度，以确保所装填固相物处于固定床的恒温区。

2. 质量流量计校准

在质量流量计出口处连接皂泡流量计，通过调节质量流量计的控制器，使其流量达到原料气的流量要求。

3. 压力调节

将惰性气体充入反应管内,通过调节背压阀使系统压力达到所需压力后,固定背压阀的位置不变。

五、实验步骤

1. 吸附评价

(1) 准确称取一定质量和粒径的吸附剂颗粒,将其倒入管式反应器,拧紧上下两端的螺丝,为防止漏气,两端应垫上石墨密封圈;

(2) 打开温度控制面板,设定升温程序并开始升温;

(3) 拧开原料气钢瓶阀门,控制二级减压器到一定压力(高于反应压力 0.3~0.6 MPa),打开进气阀并关闭冷阱阀门,将原料气的质量流量计控制器调节至"清洗",通过背压阀调节反应系统压力,待反应器内压力接近反应压力时调节质量流量计控制器至"阀控",5~10 min 后系统压力达到稳定;

(4) 将气体出口管线与气相色谱仪相连,打开分析软件,待被吸附气体的质量流量计控制器调节至"阀控"时,启动分析软件以记录吸附时间和待吸附气体的含量;

(5) 当气相色谱仪上显示的被吸附气体的含量与原料气中被吸附气体的含量相等时,实验结束;

(6) 通过气相色谱仪实时记录的数据即可确定被吸附气体的穿透时间 t_b 和饱和时间 t_s。

2. 催化转化评价

(1) 准确称取一定质量和粒径的催化剂颗粒,与等量的石英砂混合后,将其倒入管式反应器,拧紧上下两端的螺丝;

(2) 打开温度控制面板,设定升温程序并开始升温;

(3) 拧开原料气钢瓶阀门,控制二级减压器到一定压力(高于反应压力 0.3~0.6 MPa),打开进气阀并关闭冷阱阀门,将原料气的质量流量计控制器调节至"清洗",通过背压阀调节反应系统压力,待反应器内压力接近反应压力时调节质量流量计控制器至"阀控",5~10 min 后系统压力达到稳定;

(4) 将气体出口管线与气相色谱仪相连,打开分析软件,待反应稳定后,将反应后的混合气通入气相色谱中在线检测分析,每组取样分析三次,取平均值。

六、结果计算

1. 吸附评价计算

在吸附评价实验中,根据记录的数据,以吸附时间 t 为横坐标,c_t/c_0 为纵坐标,即可得到吸附剂的穿透曲线。根据穿透曲线即可计算出吸附剂的穿透吸附量和饱和吸附量,其计算公式如下:

$$q_b = \frac{\int_0^{t_b} Q \cdot (c_0 - c_t) \cdot \mathrm{d}t}{0.022\,4m} \approx \frac{Q \cdot c_0 \cdot t_b}{0.022\,4m} \tag{19-1}$$

$$q_s = \frac{\int_0^{t_s} Q \cdot (c_0 - c_t) \cdot \mathrm{d}t}{0.022\,4m} \tag{19-2}$$

式中,c_0 为原料气中被吸附气体的体积分数,%;c_t 为出口处被吸附气体的体积分数,%;t_b 为穿透时间,min;t_s 为饱和时间,min;q_b 为穿透吸附量,mmol/g;q_s 为饱和吸附量,mmol/g;Q 为通入原料气总流量,mL/min;m 为吸附剂的装填量,g。

2. 催化转化评价计算

在催化转化评价实验中,CO_2 的转化率,CH_3OH,CO 的选择性采用校正面积归一化方法计算。

$$X_{CO_2} = \frac{f_{CH_3OH} \cdot A_{CH_3OH} + f_{CO} \cdot A_{CO}}{f_{CH_3OH} \cdot A_{CH_3OH} + f_{CO} \cdot A_{CO} + f_{CO_2} \cdot A_{CO_2}} \tag{19-3}$$

$$S_{CH_3OH} = \frac{f_{CH_3OH} \cdot A_{CH_3OH}}{f_{CH_3OH} \cdot A_{CH_3OH} + f_{CO} \cdot A_{CO}} \tag{19-4}$$

$$S_{CO} = \frac{f_{CO} \cdot A_{CO}}{f_{CH_3OH} \cdot A_{CH_3OH} + f_{CO} \cdot A_{CO}} \tag{19-5}$$

式中,A 为 CO_2 或反应产物在气相色谱图中的峰面积;f 为相对校正因子(均相对 N_2 而言)。

七、注意事项

1. 吸附评价

(1) 吸附完成后,应装入与吸附剂同体积和粒径的碎磁环进行空白实验;
(2) 由于管线接头较多,若进行高压催化实验,应对管线进行检漏;
(3) 为确保实验准确性,气相色谱仪应尽可能靠近管式反应器的出口。

2. 催化转化评价

(1) 由于管线接头较多,若进行高压催化实验,应对管线进行检漏;
(2) 为确保实验准确性,应待反应稳定后取样分析,并检测三次取平均值;
(3) 为避免催化剂失活,升温时,应严格控制升温速率。

八、思考题

1. 吸附评价

(1) 吸附方法按原理可分为哪几类?

（2）为什么穿透吸附量能用近似算法而饱和吸附量却不能？

（3）为什么气相色谱分析仪应该尽可能靠近管式反应器的出口？

2. 催化转化评价

（1）催化剂性能的评价指标主要有哪些？

（2）为什么将催化剂与石英砂混合后再装入反应器内？

（3）气相色谱的定量方法有哪几种？

（4）本实验对于"双碳"目标的实现有哪些积极意义？

实验二十　生物质裂解气主要成分分析（气相色谱分析法）

一、实验目的

生物质能是重要的可再生能源之一，它是太阳能以化学能形式储存在生物质中的能量形式，即以生物质为载体的能量。生物质能因其可再生、低污染、广泛分布、总量丰富等优点，而成为国际上能源开发的热点，并被称为"绿色"能源。

生物质的热解技术是生物质利用的重要途径，生物质热解是生物质在完全缺氧或有限氧供应的条件下，产生液体（生物油）、固体（焦炭）、气体（可燃气）三种产物的过程。本实验分析高温热解下的裂解气体组分。

作为一种混合气体，其各种性质（热值、相对密度、华白数及燃烧速度等）都由其中各单一气体的性质决定，因此裂解气组分分析就成为了解裂解气最基本最重要的方法。气相色谱法是气体成分分析的主要方法之一，混合气体经过特殊处理过的色谱柱后，各个成分能够自动分离，并且按规律流出，从而分析出各个成分的含量。

二、实验原理

气相色谱法是一种物理化学分离方法。气体混合物通过色谱仪的定量管进入进样口内，被载气送进色谱柱后分离，然后由检测器把色谱柱按一定顺序逐个流出的各组分的浓度信号转变为电信号，形成按时间顺序排列的谱峰面积图，再通过计算机软件的定性分析和定量计算就可以求得分析气样中各组分百分含量。因此在气相色谱仪中，色谱柱和检测器是两个关键的组成部件，下面就这两个部件的原理作简要介绍。

1. 色谱柱的分离原理

在气相色谱中有固定相和流动相，对填充柱而言，固定相是指填充在色谱柱中的固定吸附剂，或在惰性固定颗粒（或载体）表面涂有一层高沸点的有机化合物（称为固定液）。流动相是由不与被测气样和固定液起化学反应，也不能被固定相吸附或溶解的气体（称为载气）和其携带的被测气样组成的，它在色谱柱中与固定相作相对运动。

当气样通过色谱柱时，色谱柱中的固定相对于被测气样中各组分有不同的吸附和溶解的能力，这也称为气样中各组分在固定相和流动相中具有不同的分配系数（即被固定相溶解和吸附的能力）。分配过程就是物质在固定相和流动相（气相）之间发生溶解、吸附、挥发、脱附的过程。当气样被载气带入色谱柱中,并不断向前移动时,分配系数较小的组分移动速度快,而分配系数大的组分移动速度较慢。这样分配系数小的组分先流出色谱柱,分配系数大的组分后流出色谱柱,从而达到各组分分离的效果。

2. 检测器的分离原理

用于燃气分析的检测器有很多,最常用的有热导检测器(TCD)和火焰离子化检测器(FID),在此只介绍热导检测器。

热导检测器是一种应用较早的检测器,又称导热析气计,现在仍被广泛应用,它结构简单、灵敏度适宜、稳定性较好、线性范围广,适用于常量以及几十个ppm以上的无机气体和有机气体的检测。在金属池体中固定一根电阻温度系数大的金属丝,这就是热导池主要部件——热敏元件。池体有气体的进出口,流过载气的称为参考臂,流出载气与气样混合物的称为测量臂。热导池检测器就是由参考臂和测量臂组成。

热导检测器是基于不同气态物质所具有的热传导系数不同,当它们到达处于恒温下的热敏元件(如 Pt、Au、W 半导体)时,都会引起其温度变化,由此产生其阻值变化,该阻值的变化通过某种方式转化为可以记录的电压信号,从而实现其检测功能。通常将参考臂和测量臂组成 Wheatstone 电桥,测量所得的信号大小即为组分的含量。在使用热导检测器时,选用导热系数较大的氢气或氦气为载气,比选用氮气为载气灵敏度要高。测量过程如图 20-1 所示。

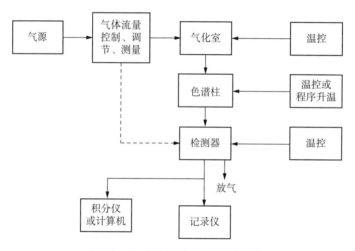

图 20-1 气相色谱分析测量过程

样品通过进样口,在载气的推动下进入色谱柱实现组分的分离。分离的效果及分离速度与柱内固定相的特殊性、气体流速、柱的温度都有很大关系,所以要进行柱温控制。有些样品在分离过程中要程序升温,以使保留时间相差很大的组分均匀流出并提高分离效率,缩短分析时间。检测器将组分量转化为相应的电信号,为使进入检测器的组分不致凝聚,检测器需要控制温度。对于某些检测器,温度的稳定对仪器的稳定性有很大的影响。

使用气相色谱仪,通过气相色谱柱来分离试样中的主要常量组分,并在积分仪或计算机上记下各组分的色谱峰峰面积数值。在同样的操作条件下,采用外标法分析已知组分含量的标准气体,把测得的试样色谱峰峰面积数值与标准气色谱峰峰面积数值相比较来计算各组分的含量。当试样中全部组分都显示出色谱峰时,也可采用校正面积归一法计算各组分的含量,但应验证其结果的准确性。

生物质热解裂解气主要有 H_2、CO、CO_2、CH_4 等组分。由于裂解气成分复杂,一般采用多台色谱仪及多阀多柱进行全组分分析。表 20-1 给出了分析各组分的气相色谱典型工作条件。本实验中采用 TDX-1 填充柱(碳分子筛)分析 CO_2、CO、CH_4、H_2 含量。

表 20-1　典型色谱工作条件

工作条件	A	B	C
检测器类型	热导检测器(TCD)		
载气	氩气,浓度不低于 99.99%		
色谱柱类型	分子筛填充柱,5A 或 13X,0.23~0.18 mm(60~80 目)	分子筛填充柱,5A 或 13X,0.23~0.18 mm(60~80 目)	GDX-104 或 407 等有机载体填充柱,0.23~0.18 mm(60~80 目)
柱长度/内径	1~2 m/3~5 mm	1~2 m/3~5 mm	2~4 m/3~5 mm
气体六通阀进样量	进样量为 1 mL		
气化室温度	100℃		
柱箱温度	室温~40℃		
检测器温度	100℃		
载气流量	30~60 mL/min		
分析组分	H_2	O_2、N_2、CH_4、CO	C_2H_4、C_2H_6、CO_2、C_3H_6、C_3H_8

注:也可采用能达到同等或更高分析效果的其他色谱工作条件。

三、仪器设备及操作条件

1. 气相色谱仪:岛津 GC-2014 型气相色谱仪;
2. 监控电脑:一套;
3. 载气:高纯度(99.99%)氩气;
4. 标准气的气体成分:CH_4、H_2、CO、CO_2、余 Ar;
5. 检测器:热导池;检测室温度为 130℃、桥电流为 70 mA;载气流速为 26 mL/min;色谱柱为 TDX-1 2 m 不锈钢柱,柱内径为 3 mm,柱温为 110℃;气化室温度为 100℃。

四、实验步骤

按照操作规程打开气相色谱和电脑,启动 GC-2014 软件,调用分析方法等待仪器就绪,用气袋(宜用预装气体置换三次)取标准气体,切换六通阀进样装置,进样后按"start"键,即显示屏上开始计时并陆续出峰。应重复操作两次,两次峰高或峰面积的相对偏差不应大于1%,取两次重复性合格的数值的平均值作为标准值。同样将装试样的气袋接到六通阀进样装置,测试试样,取两次重复性合格的数值的平均值作为分析值。

五、数据处理

试样中各组分的出峰次序依次为:H_2、CO、CH_4、CO_2,可把试样的色谱图同已知组分气样的色谱峰的保留时间相比较,来进行各色谱峰的组分定性分析。采用外标法计算各组分的含量。

六、思考题

1. 简述 TCD 检测器原理,出现负峰的原因及 TCD 使用注意事项。
2. 简述气相色谱定性定量方法。其中外标法原理及误差来源是什么?

附录:岛津 GC - 2014 型气相色谱仪操作规程

1. 开机

打开载气开关,减压阀输出压力 0.6 MPa;打开气相色谱仪主机电源;打开计算机电源,双击桌面上的"Labsolution"图标,双击"GC - 2014",登陆工作站主界面,点击"开启 GC"。

打开本实验的分析测试方法,点击"下载",等待"start time"结束后,仪器将按照分析测试方法进行升温,仪器测试条件就绪后,点击"DTCD1 on",可点击"检测器归零"并等仪器走基线 30 min 左右稳定后开始测试样。

点击"单次分析"按钮,保存数据文件,通过手动六通阀进样后点击"开始",待所有组分都出峰后,手动停止采集。具体可详见仪器条件设置步骤。

2. 仪器条件设置

(1)系统配置

点击"主项目"中的"系统配置"图标,弹出系统设定窗口,根据仪器实际情况进行模块设定,并可对分析流路的各组件属性设置,如对自动进样器、进样口、色谱柱、检测器等进行设置。

(2)分析方法的创建

点击左侧面板上的"仪器参数视图",进入参数界面,依次输入进样器、色谱柱和检测器的工作参数。

(3)分析方法的调用

点击面板上的"下载参数",界面右端将出现各项仪器参数的设定值和实际值。GC 就绪后,热导检测器才打开,调节电流大小,电流应从 0 mA 开始逐渐增大,点击下载。

（4）数据采集

等基线稳定后,点击"单次分析"按钮,进样后点击"开始",最后保存"Data"数据。

（5）实验结果的重新处理

点击"数据处理",在"方法视图-积分参数"窗口设置积分参数、校正参数和图形参数等,然后设置查看报告下拉菜单中选择相应功能。

3. 关机

（1）先创建一个关机方法,将进样口温度、柱温和检测器温度都降到 30℃,桥电流设为 0 mA。在分析工作结束后,应先点击"DTCD off",打开创建的关机方法"close"并"下载",仪器将按照创建的关机方法进行降温。

（2）等待 TCD 温度降到 60℃以下后,点击"停止 GC",关闭气相色谱电源,以及载气钢瓶开关。

（3）关闭工作站软件、电脑及实验室电源。

4. 注意事项

（1）在使用气相色谱之前确保打开载气和保护检测器,以延长使用寿命。

（2）关机时确保载气是畅通的,等温度下降后再关闭载气。

实验二十一 气固两相流颗粒速度、浓度测量

一、实验目的

通过冷态模拟观察了解典型反应器内气固两相流动特征;掌握气固两相流中颗粒速度测量的原理与方法;掌握反应器中颗粒浓度测量的原理与方法;分析典型流动中颗粒速度、浓度分布规律。

二、实验原理

1. 气固两相流速度测量原理与方法

如图 21-1 所示,气固两相流速度的测量方法,按测量仪器是否对气固两相流产生影响,分为无干扰式和干扰式,其中,无干扰式测量方法主要利用跟气固两相流无接触的方式对速度信号进行测量,干扰式测量方法主要利用探头接触式探入气固两相流中对速度信号进行测量。

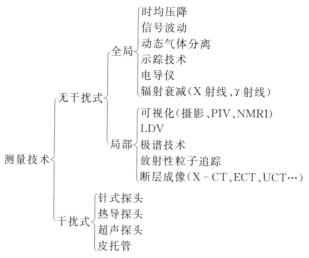

图 21-1 气固两相流速度测量方法

2. 气固两相流浓度测量原理与方法

(1) 分散相浓度的定义

在两相流动过程中,流场中往往其中一相是连续流动,称为连续流动相;而另一相是分散

在连续相中,并随连续相一起流动,称为分散相。所谓分散相浓度则是指分散相占整个两相流的含量。在气固两相流中,连续相为气相,分散相为颗粒相,颗粒在气固两相流中的空隙率即为分散相的浓度。

（2）空隙率的测量方法

常见空隙率的测量方法包括空隙率的直接测量技术、单射线吸收法、射线散射法和光线探针法等。空隙率的直接测量技术指当两相混合物的流动达到稳定时,同时关闭这两个阀门,通过气液分离便可求出两阀门间的体积平均空隙率。单射线吸收法是指从某个射线源发出的射线(如 γ 射线、X 射线和 β 射线等)经过流体时部分射线被流体所吸收,吸收的程度即可代表气液两相混合物的空隙率。射线散射法根据射线吸收法测量空隙率的原理,γ 射线通过气液混合物时发生衰减,其中一部分能量是由于康普顿散射所引起的。通过对散射光子的计数,就可以确定管道内的空隙率。光纤探针法为利用光纤探头发出光射线,光纤探针采集分散相流过光射线时的遮光率,将遮光率信号转变为空隙率信号。

3. PV6M 颗粒测速仪测量原理

PV6M 颗粒测速仪(图 21 - 2)主要由光源、分光器、光纤耦合器、光探测器、偏置放大线路、A/D 采集板、PC,以及探头组成。单束光经分光器分成两束光,经光纤耦合器进入光纤,在光纤末端发生反射。当探头位于气相和颗粒相时反射回的光强不同,将这一光强信号通过光探测器转换成电信号,再经偏置放大电路进行放大和偏置处理得到标准电压信号,用计算机进行 A/D 采样得到原始信号。信号经过相关性计算,得到相位延时。两探针的间距是一个关键参数。从理论上讲,两探针相距越近,所得信号的相关性也就越好,间距为 1～2 mm 较为合适。采用频率设置时,一个特征时间不小于 2 次,当颗粒的估计运动速度为 10 m/s,测量点间距为 1.5 mm 时,物料通过测量点的时间 τ 为 0.15 ms,为使延迟时间 τ 的量化误差小于 5%,在此时间内应有不少于 20 次采样,可计算出采样频率 $f > 20/0.15$ ms=133 kHz,并且两序列数据应同步采集。

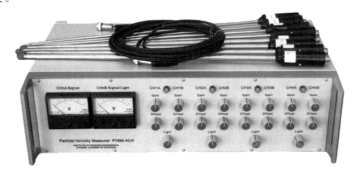

图 21 - 2　PV6M 颗粒测速仪

PV6M 颗粒测速仪同样可以对气固两相流中的颗粒浓度进行测量。PV6M 颗粒测速仪安装单光源探针(浓度探针),通过标定,可以用于颗粒相对浓度或床层空隙率的测量。其测量原理是应用光导纤维阵列探头检测与运动颗粒特性相关的反射光信号,将光电信号转化成颗粒浓度。测量颗粒的相对浓度或者空隙率时首先必须进行标定,在空床条件(物料浓度为0)时标定电压信号为 0 V,在满床条件(物料自然堆积)时标定电压信号接近满量程,测量中电压信号幅度大小则表示物料相对浓度的大小。

例：标定时，空床时对应的电压信号为 0.010 V，满床时对应的电压信号为 4.900 V，测量值为 0.200 V，对应的颗粒体积含率 $\eta = (0.2 - 0.01)/(4.9 - 0.01) \approx 0.039$。

颗粒的浓度用公式(21-1)计算

$$\rho'_{P} = \eta \rho_{P} \tag{21-1}$$

式中，ρ'_{P} 为颗粒的浓度，kg/m^3；η 为颗粒的体积含率，又称容积分数，%；ρ_{P} 为颗粒的真实密度，kg/m^3。

三、实验装置

本实验装置及实验流程如图 21-3 所示。

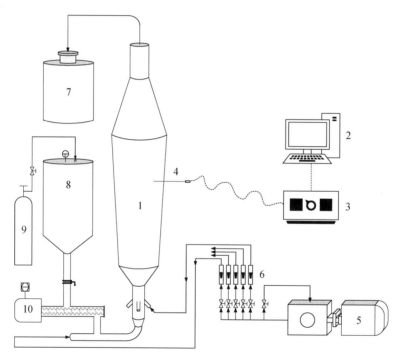

图 21-3 气固两相流颗粒速度、浓度测量实验流程

1—反应器；2—计算机；3—光纤测量仪；4—光纤探针；5—罗茨鼓风机；6—转子流量计；
7—除尘布袋；8—颗粒料仓；9—压缩空气钢瓶；10—给料机

四、实验步骤

1. 启动罗茨鼓风机，空气经流量计计量后进入反应器。

2. 启动颗粒输送装置，依次打开钢瓶空气、启动螺杆给料机，调节颗粒给料流量，向反应器中输送颗粒物料。

3. 颗粒物料在输送空气作用下从快速床底部入口进入反应器。

4. 在输送气和工艺气的作用下,颗粒在反应器内向上运动,当颗粒到达反应器顶部时,经折流管回收至布袋进行颗粒收集。

5. 连接 PV6M 颗粒测速仪的探针,伸入炉体内进行测量,测量信号经计算机处理后输出。

6. 对探针进行标定,在物料浓度为零时标定输出电压为 0 V,在物料自然堆积即相对浓度为 1 时标定输出电压接近满幅度。

7. 测量中信号幅度大小则表示物料相对浓度的大小。

8. 实验结束,按逆步骤依次停止实验过程。

五、数据记录和处理

1. 原始数据记录

(1) 空气流量、螺旋给料机转速。

(2) 测量反应器轴向位置、径向位置,以及对应的颗粒速度、颗粒相对浓度。

2. 数据处理

(1) 根据给料机不同转速时对应的不同颗粒流量进行标定,计算实验条件下颗粒流量。

(2) 根据反应器轴向位置、径向位置作图,获得反应器内的颗粒速度、浓度分布。

(3) 根据不同空气流量、颗粒流量作图,获得操作参数对速度、浓度的影响规律。

六、思考题

1. 颗粒速度和浓度的测量原理是什么?

2. 什么是干扰式测量? 什么是非干扰式测量?

3. 光学探针测量与 PIV 测量的区别是什么? 应用场合有什么区别?

4. 反应器内的颗粒速度与浓度分布规律如何?

5. 影响气固两相流动过程的因素包括什么?

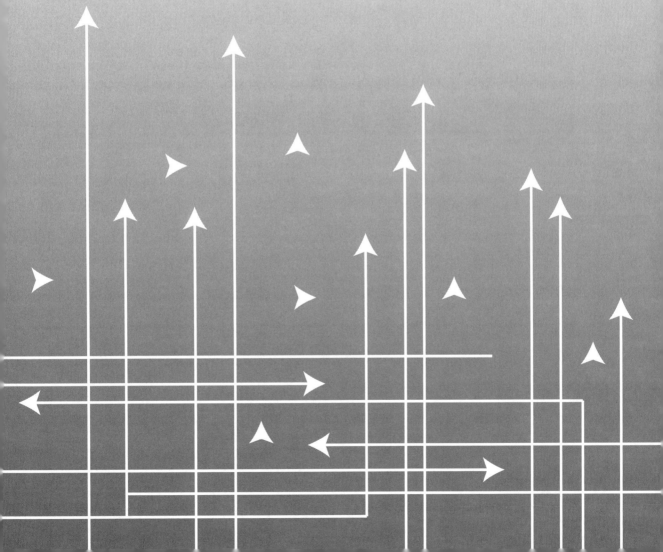

第三篇

能源与动力工程专业综合提高实验

实验二十二　烟煤黏结指数的测定

一、实验目的

在中国煤炭分类中,将黏结指数作为表征烟煤黏结性、结焦性的重要参数,是煤炭分类中的重要指标。黏结指数符号记为 $G_{R.I}$ 指数,简记为 G 指数。在炼焦过程中,常用黏结指数和挥发分来指导炼焦配煤。

二、基本原理

黏结性是指烟煤在受热后,煤粒间互相黏结牢固程度的量度。黏结性的强弱通过黏结其他惰性物质的能力来表现,惰性物质选用无烟煤。

将一定质量的实验煤样和专用无烟煤,在规定的条件下混合,快速加热成焦,所得焦块在一定规格的转鼓内进行强度检验。以焦块的耐磨强度,即对破坏抗力的大小表示实验煤样的黏结能力。

罗加实验法存在的缺点是:对强黏结煤,即相当于胶质层厚度大于 20 mm 或罗加指数值在 70 以上的煤分辨能力差,对罗加指数小于 15 的弱黏结煤重现性不好等。为此,本法在专用无烟煤的选定、无烟煤及烟煤粒度组成、配比、计算公式等方面进行了改进。

三、仪器设备

1. 瓷质专用坩埚和坩埚盖。

2. 搅拌丝:直径 $1\sim1.5$ mm 的硬质金属丝制成。

3. 镍铬钢压块:重 $110\sim115$ g。

4. 压力器:以 6 kg 质量压紧混合后煤样的专用设备。

5. 箱形电炉:具有均匀加热带,其恒温区为 (850 ± 10)℃,长度不小于 120 mm,并附有定温控制器。

6. 转鼓实验装置:两个转鼓,一台变速器和一台电动机。转鼓内径 200 mm,深 70 mm,壁上铆有相距 $180°$、厚为 3 mm 的挡板两块,转鼓的转数必须保证在 (50 ± 2) r/min。

7. 圆孔筛:筛孔直径为 1 mm。

8. 分析天平:感量为 1 mg。

9. 辅助工具:坩埚架、秒表、干燥器、小镊子、小刷子、玻璃表面皿或铝箔制成的称样皿、搪瓷盘 2 只及带有手柄的平铲(其手柄长为 600～700 mm、铲宽约 20 mm、铲长为 180～200 mm、厚 1.5 mm)。

四、煤样制备

1. 黏结指数实验煤样,应达到空气干燥状态、粒度小于 0.2 mm 的分析试样。制备时须防止过度粉碎,其中 0.1～0.2 mm 的煤粒占全部煤样的 20％～35％。实验前将粉碎后的煤样混合均匀。

2. 黏结指数实验煤样必须严格防止氧化,为此,试样应装在密封的容器内,从制样到实验的时间不应超过一周。

3. 黏结指数测定中所用的无烟煤是宁夏汝箕沟煤矿的专用无烟煤,应符合下列要求: $M_{ad}<2.50\%$,$A_d<4.00\%$,$V_{daf}<8.00\%$,粒度为 0.1～0.2 mm,其中小于 0.1 mm 的筛下物质量分数不大于 6.00％;粒度大于 0.2 mm 的筛上物质量分数应不大于 4.00％。

五、实验步骤

1. 实验煤样与无烟煤的混合

(1) 先称取 5 g 无烟煤,后称取 1 g 实验煤样放入坩埚,质量应称准到 0.001 g。

(2) 用搅拌丝将坩埚内混合物搅拌 2 min,搅拌的方法是:坩埚作 45°左右倾斜,逆时针方向转动,转速约 15 r/min,搅拌丝按同样倾角作顺时针方向转动,转速约 150 r/min。搅拌时搅拌丝的圆环接触坩埚壁与底相连接的圆弧部分。经 1 min 45 s 后,一边继续搅拌,一边将坩埚与搅拌丝逐渐转到垂直位置,2 min 后搅拌结束。在搅拌时,应防止煤样外溅。

(3) 搅拌结束后,将坩埚壁上煤粉轻轻扫下,用搅拌丝轻轻将混合物拨平,沿坩埚壁的层面略低 1～2 mm,以便压块将混合物压紧后,使煤样表面处于同一平面。

(4) 用镊子夹压块于坩埚中央,然后将其置于压力器下压 30 s,加压时防止冲击。

(5) 加压结束后,压块仍留在混合物上,加上坩埚盖。注意从搅拌时开始,带有混合物的坩埚应轻拿轻放,避免受到撞击与振动。

2. 混合物的焦化处理

将带盖的坩埚放在坩埚架中,放入预先升温到 850℃的箱式电炉内的恒温区,须确保在放入坩埚后的 6 min 内,炉温恢复到 850℃(若在 6 min 内,炉温恢复不到 850℃,可适当提高入炉温度),以后炉温保持在(850±10)℃。从放入坩埚开始计时,焦化 15 min,将坩埚从箱式电炉中取出,放置冷却到室温。若不立即进行转鼓实验,则应将坩埚放入干燥器内。

3. 焦块转鼓实验

从已冷却的坩埚中取出压块。当压块上附有焦屑时,应刷入坩埚内。称焦渣总质量,然后将焦渣放入转鼓内,进行第一次转鼓实验。转鼓实验后的焦块用 1 mm 圆孔筛进行筛分,再称量筛上部分质量。然后,将其放入转鼓进行第二次转鼓实验,重复筛分、称重操作。每次转鼓实验 5 min(即 250 r),每次的称重都应准确到 0.01 g。

六、结果计算

黏结指数按下式计算:

$$G = 10 + \frac{30m_1 + 70m_2}{m} \qquad (22-1)$$

式中,m 为焦化处理后焦渣的总重,g;m_1 为第一次转鼓实验后,筛上部分的质量,g;m_2 为第二次转鼓实验后,筛上部分的质量,g;10 为常数项。计算结果取到小数点后第一位。

七、补充实验

对强黏结煤、采用增多无烟煤用量及改小无烟煤粒度来提高其区分性。对弱黏结煤,则采用减少无烟煤用量来提高其区分性。当测得的 $G<18$ 时,需重做实验,这时将配比改为 3∶3,即 3 g 实验煤样与 3 g 专用无煤烟,实验步骤同前。结果按下式计算:

$$G = \frac{30m_1 + 70m_2}{5m} \qquad (22-2)$$

式中,m 为焦化处理后焦渣的总重,g;m_1 为第一次转鼓实验后,筛上部分的质量,g;m_2 为第二次转鼓实验后,筛上部分的质量,g。计算结果取到小数点后第一位。

公式中对于弱黏结煤,取消常数项,这时不黏煤有可能会等于零。3∶3 配比实验时,公式的分母除以 5,是经验系数,为的是使黏结指数由大到小归化成一个体系。

八、精密度

每种实验煤样应分别进行两次重复实验。$G \geqslant 18$ 时,重复性不得超过 3,再现性不得超过 4;$G<18$ 时,重复性不得超过 1,再现性不得超过 2。以平行实验结果的算术平均值作为最终结果。测定值修约到小数后一位。报出结果取整数。

九、注意事项

1. 在实验过程中要防止已混合的煤样振动,以免离析。对已形成的焦炭,不能给予任何的冲击力,以免人为的破碎,影响测定值。

2. G 值小于 18 时必须重做补充实验。

3. 黏结指数 G 对煤的黏结有很好的鉴别能力,不仅能区分中等黏结性的煤,还能区分强黏结煤和弱黏结煤。

十、思考题

1. 黏结指数的测定方法与罗加指数有何区别？前者对后者做了哪些改进？

2. 试讨论烟煤与无烟煤粒度组成不同和配比不同对 G 值的影响。

3. 惰性物质为什么用无烟煤？是否可用其他惰性物质(如焦炭)？专用无烟煤为什么要有一定的标准？

4. 对某种煤,采用无烟煤:煤样=5:1时,测得 G 值为 60,若按 3:3 配比,测得 G 值为 19。同一煤样,用两种配比得到两种不同的值,应如何解释？

实验二十三　煤、煤焦对二氧化碳化学反应性的测定

一、实验目的

煤、煤焦还原二氧化碳的能力为煤、煤焦的一种反应性（又称活性），它与煤、煤焦的气化和燃烧有密切的关系，直接影响其在炉内反应情况。因此，无论在冶金或气化工业中都用它作为一种评定煤、煤焦的气化和燃烧特性的重要指标。

本实验通过测定同一试样与二氧化碳气体在不同温度下的反应能力，了解煤、煤焦反应活性与温度的关系。

二、基本原理

煤、煤焦反应性是指一定温度条件下，煤、煤焦与不同的气体介质（如二氧化碳、氧、水蒸气）相互作用的反应能力，并以测定反应物的还原率表示煤或焦炭的反应性。

本方法适用于褐煤、烟煤、无烟煤和焦炭的二氧化碳反应性的测定。

先将试样进行干馏，除去挥发物（如试样为焦炭，可不经干馏处理），然后将经过处理的试样筛分选取一定粒度级的焦渣装入反应管，加热到一定温度后，以一定流速的二氧化碳通入反应管与试样反应，测定反应后气体中剩余二氧化碳的含量。以被还原成一氧化碳的二氧化碳量占原通入的二氧化碳总量的百分数，即二氧化碳的还原率 α，作为煤及焦炭对二氧化碳化学反应性指标。

三、仪器设备和试剂

1. 仪器设备

（1）ZHX-2型活性测定仪如图23-1所示，其具有长约60 mm、内径大于26 mm、最高温度达1 350℃的管状电热炉并附有调压变压器。

（2）管式电炉：干馏煤样用。炉膛长400～500 mm，内径大于35 mm，最高工作温度为1 000℃，炉膛中部要求有长度大于200 mm的恒温区，温度要求（900±20）℃，附有调压变压器。

（3）反应管：耐温1 500℃的石英管或刚玉管，长800～1 000 mm，内径20 mm，外径24～

26 mm。

(4) 干馏管：耐温 1 000℃的瓷管或刚玉管，长 550～600 mm，内径 30 mm，外径 33～35 mm。

(5) 铂-铂铑 10 热电偶：配有内径 5～6 mm、外径 7～8 mm、长 500～600 mm 的石英或刚玉制的热电偶套管；镍铬-镍硅热电偶。

(6) 气体流量计：测量范围 0～1 000 mL/min(应在 1.013 25×10⁵ Pa、20℃下校正)。流量计经校正后应作出其刻度与实际二氧化碳流量的关系曲线。

(7) 圆孔筛：直径为 200 mm，孔径为 3 mm 和 6 mm，并配有筛盖和底盘的圆孔筛。

(8) 气体干燥塔：内装氯化钙。

(9) 洗气瓶：内装密度为 1.84 g/cm³ 的浓硫酸。

(10) 稳压贮气筒。

(11) 简易气体分析仪。

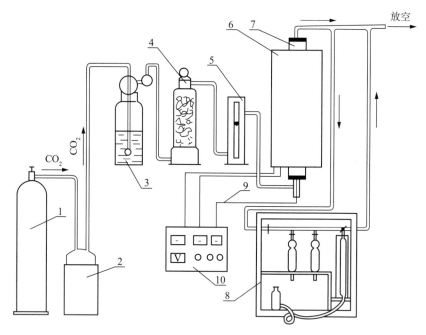

图 23 - 1 反应性测定装置图

1—二氧化碳钢瓶；2—储气筒；3—硫酸洗气瓶；4—氯化钙干燥塔；5—气体流量计；
6—反应炉；7—反应管；8—奥氏气体分析器；9—热电偶；10—温度控制器

2. 试剂

(1) 钢瓶二氧化碳气：纯度 98% 以上。

(2) 氢氧化钾(化学纯)。

(3) 硫酸：化学纯，密度为 1.84 g/cm³。

四、实验准备

1. 按照 GB 474－2008 规定，制备 3～6 mm 粒度的试样 300 g，准备在干馏炉中进行干馏处理。

2. 用橡皮塞把热电偶套管固定在干馏管中，并使其顶端位于干馏管中心，将干馏管直立，加入粒度为 6～8 mm 的碎瓷片至热电偶套管露出瓷片约 100 mm 时再加入试样，至试样层的厚度达 200 mm，再用碎瓷片填充干馏管其余部分，用带有导出管的橡皮塞塞紧干馏管。

3. 将装好试样的干馏管放在管式电炉或硅碳管炉中，使试样部分位于恒温区内，装好热电偶并连接高温表。

4. 接通电炉电源，调节温控系统，使电炉以 15～20℃/min 的升温速度加热到 900℃，在此温度下保温 1h，切断电源，放置冷却至室温，取出试样，用圆孔筛选取其中 3～6 mm 粒度的试样作为测定反应性用的试样。对于黏结性煤，在干馏处理后，其中大于 6 mm 的焦块必须破碎使之全部通过 6 mm 筛。煤样也可用 100 cm³ 的带盖坩埚在马弗炉内按规定的程序处理。

五、实验步骤

1. 用橡皮塞把热电偶套管固定在反应管中，使热电偶套管顶端位于反应管恒温区的中心。将反应管直立，加入碎刚玉片至热电偶套管露出刚玉片 50 mm 高，随后加入经过干馏处理的试样，使厚度达 100 mm，然后用碎刚玉片填充反应管其余部分。

2. 将装好试样的反应管放入硅碳管炉内，使试样部分均位于恒温区内，用带有导出管的橡皮塞塞紧管口，装好热电偶并连接各有关部分。

3. 通入二氧化碳，检查系统有无漏气现象，如有漏气则应采取措施杜绝漏气，然后继续通入二氧化碳 2～3 min，赶净系统内的空气（完成取气分析，如二氧化碳含量与原钢瓶中二氧化碳纯度相同则说明空气已被赶净）。

4. 系统中空气赶净后，接通电源，以 20～25℃/min 的速度升温，在 30 min 左右使炉温由室温升到 750℃（褐煤）或 800℃（烟煤和无烟煤），在此温度下保温 5 min，然后以 500 mL/min 的流速通入二氧化碳，3 min 后如温度稳定，可取反应后的气体样品分析，同时记录温度，取样时间应尽量短，最好在 1 min 内完成，取气后再记录一次温度，同时停止通入二氧化碳。以取气前后两次温度的平均值作为取气温度，然后以 20～25℃/min 的升温速度继续升温，每隔 50℃ 按上述方法取气一次，直到 1 100℃ 为止。如有特殊需要，可延续到 1 300℃。

5. 用简易气体分析仪或其他能准确测定二氧化碳含量的仪器，分析每次气体试样中的二氧化碳含量。

六、结果计算及数据处理

按照表 23－1 记录实验数据。

表 23 - 1　煤、煤焦对二氧化碳化学反应性的测定数据记录表

试样名称			煤焦层高度			mm	

CO₂ 钢瓶杂质含量：　　　　　%

反应炉升温		取　　样　　分　　析					
时间/min	温度/℃	时间/min	温度 ℃			CO₂ 流量/(L/min)	CO₂ 含量/%	α/%
			取样开始	取样完毕	平均			

（表头为：时间/min、温度/℃、时间/min、温度℃（取样开始、取样完毕、平均）、CO₂流量/(L/min)、CO₂含量/%、α/%）

1. 按下列公式计算出不同温度下的二氧化碳还原率

$$\alpha = \frac{1-a-v}{(1-a)(1+v)} \times 100\% \qquad (23-1)$$

式中，α 为二氧化碳还原率；a 为钢瓶二氧化碳中杂质含量；v 为反应后气体中剩余的二氧化碳含量。

可根据上式预先绘制出 α 与 v 的关系曲线，每一次实验后，根据测得的二氧化碳含量在曲线上查出相应的还原率，但若钢瓶二氧化碳中杂质气体含量改变，则应另外绘制关系曲线或作相应的校正。

2. 每个试样应做两次平行测定，并记录于表 23 - 2，所得计算结果在以温度为横坐标、α 值为纵坐标的图上标出，画出一条平滑的曲线(图 23 - 2)，一并作为实验结果报出。测定值和报告值修约到小数后一位。

表 23 - 2　不同温度下，根据测得的 CO₂ 含量计算得到的还原率数据表

试样编号　　　　　　　来样编号　　　　　　　测定日期

温度/℃	800	850	900	950	1 000	1 050	1 100
CO₂ 含量/%	92.3	79.4	62.1	45.3	29.4	17.9	11.1
	89.7	76.6	58.4	42.0	27.2	14.7	9.6
α/%	3.5	11.0	23.0	37.3	54.3	69.5	79.9
	4.9	12.8	25.9	40.6	57.0	74.2	82.4

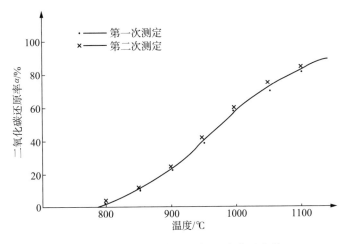

图 23 - 2　二氧化碳还原率-温度关系曲线

七、精密度

实测任何一点的 α 值与曲线上相应一点的 α 值的偏差不得超过 $\pm3\%$。

八、注意事项

1. 实验过程中应严格控制流速,否则会影响测定的结果。
2. 为使测定结果准确可靠,必须按要求对实验设备、气体分析器、反应气体流速进行校准。

九、思考题

1. 通过实验,如何理解煤的反应性是气化和燃烧的重要特征指标?
2. 煤的反应性与煤化程度有何关系?
3. 试分析哪些气化炉(如固定床、流化床、气流床)对反应性要求高,哪些气化炉对反应性要求不高,为什么?
4. 煤、煤焦反应性测定中对气流速度和温度范围有一定的规定,试分析其依据。

十、附录:公式推导过程

1. 本方法规定当气压在 $1.013\,25\times10^5$ Pa、室温在 $12\sim18℃$ 时二氧化碳流速为 500 mL/min。如果实际气压和室温偏离上述规定时,二氧化碳的流速应按下式进行计算:

$$u=500\times\frac{1.013\,25\times10^5}{p}\times\frac{273+T}{273+20} \tag{23-2}$$

式中,u 为测定活性时应该通入的二氧化碳的流速,mL/min;p 为大气压力,Pa;T 为室温,℃。

假如计算值在 (500 ± 20) mL/min 范围内,仍可按 500 mL/min 通 CO_2。

2. 二氧化碳还原率公式的推导

原标准规定需测定 CO 和 CO_2 的含量,但经验证明,可以只测定 CO_2 的含量,然后通过一定的公式,求出 CO 的含量,两者并无显著性差异,公式推导如下。

(1) CO 换算公式推导

根据反应式　　　$CO_2 + C \rightleftharpoons 2CO$

反应气体由三部分组成,反应后气体中的 CO_2 含量 $(v/\%)$,反应所产生的 $CO(x/\%)$ 和由于钢瓶 CO_2 不纯而带入的杂质气体 $(y/\%)$。

$$v + x + y = 1 \tag{23-3}$$

由反应方程式得参与反应的 CO_2 的体积为 $x/2$。

因反应后的杂质气体完全来源于钢瓶 CO_2 中的杂质气体,故反应后的杂质气体对参加反应的和未反应的 CO_2 之比应等于原钢瓶中杂质气体与 CO_2 之比,设钢瓶 CO_2 中杂质含量为 $a(\%)$,则

$$\frac{y}{v + \dfrac{x}{2}} = \frac{a}{1-a} \tag{23-4}$$

$$y = \frac{a\left(v + \dfrac{x}{2}\right)}{1-a}$$

将 y 值代入式(23-3)

$$v + x + \frac{a\left(v + \dfrac{x}{2}\right)}{1-a} = 1$$

$$x = \frac{1-a-v}{1-\dfrac{a}{2}} \tag{23-5}$$

(2) 二氧化碳还原率公式的推导

$$二氧化碳还原率 = \frac{转变成 CO 的 CO_2 的量}{参加反应的 CO_2 总量} \times 100\%$$

$$\alpha = \frac{\dfrac{1}{2} \times \dfrac{1-a-v}{1-\dfrac{a}{2}}}{v + \dfrac{1}{2} \times \dfrac{1-a-v}{1-\dfrac{a}{2}}} \times 100\% = \frac{1-a-v}{(1-a)(1+v)} \times 100\% \tag{23-6}$$

实验二十四　烟煤奥亚膨胀计试验

一、实验目的

奥亚(Audibert-Arnu)膨胀计试验是一种测定烟煤黏结性的方法。由奥蒂伯尔特创立,又由亚纽改进。奥亚膨胀度表征煤在加压条件下受热软化成胶质体的最大膨胀率,用以反映煤的黏结性,是国际烟煤分类指标之一。

二、基本原理

煤的胶质体状态是成焦过程的重要阶段,煤的黏结性取决于胶质体的数量和性质。胶质体的性质有温度间隔、透气性、流动性、黏度、膨胀性等,成焦过程中的膨胀度能反映煤的胶质体状态特性,因此对膨胀度的测定也是测定煤炭结焦性的一种方法。奥亚膨胀度 b 的大小取决于煤在可塑状态下的透气性、挥发分的析出速率、胶质体的量与黏度。

奥亚膨胀度测定方法是将试验煤样按规定方法制成一定规格的煤笔,放在一根标准口径的膨胀管内,其上放置一根能在管内自由滑动的钢杆(膨胀杆)。将上述装置放在专用的电炉内,以规定的升温速度进行加热,并记录膨胀杆的位移曲线,以位移曲线的最大距离占煤笔原始长度的百分数表示煤样膨胀度(b)的大小,如图 24-1 所示的是一种典型的膨胀曲线,通过试验可测定图中所示指标。

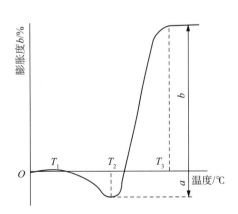

图 24-1　典型的膨胀曲线

软化温度(T_1)—膨胀杆下降 0.5 mm 时的温度;开始膨胀温度(T_2)—膨胀杆下降到最低点后开始上升时的温度;固化温度(T_3)—膨胀杆停止移动时的温度;最大收缩(a)—膨胀杆下降的最大距离占煤笔长度的百分数;最大膨胀度(b)—膨胀杆上升的最大距离占煤笔长度的百分数

三、仪器与设备

1. 测试和记录设备

(1)膨胀管及膨胀杆(尺寸如图 24－2 所示)：膨胀管由无缝不锈钢管加工而成，其底部需有不漏气的丝堵。膨胀杆和记录笔的总重应调整到(150 ± 5)g。

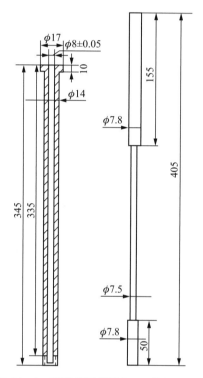

图 24－2　膨胀管及膨胀杆　(单位：mm)

(2)电炉(尺寸如图 24－3 所示)：由带有底座和顶盖的外壳与一金属炉芯构成，炉芯由能耐氧化的铝青铜金属块制成，金属块上包以云母，再绕上电炉丝，电炉丝外面再包以云母。金属块上钻有两个直径 15 mm、深 350 mm 的圆孔用以插入膨胀管。另钻有一个直径 8 mm、深 320 mm 的测温圆孔，用以放置热电偶。电炉应能满足在 $300\sim550$℃ 范围内的升温速率为 3℃/min。电炉的使用温度为 $0\sim600$℃。电炉的温度场必须均匀。从膨胀管底部往上 180 mm 一段内的平均温差应符合：$0\sim120$ mm 一段为 ±3℃，$120\sim180$ mm 一段为 ±5℃。

(3)程序控温：由电位差计、程序给定器、PID 电动调节器、可控硅电压调整器等部件组成，实现温度程序控制，控温精度应满足 5 min 内温升(15 ± 1)℃要求。

(4)记录装置：记录装置能及时记录炉温与时间、膨胀杆位置的关系。本实验采用计算机自动控制，按照国家标准对图形进行绘制。

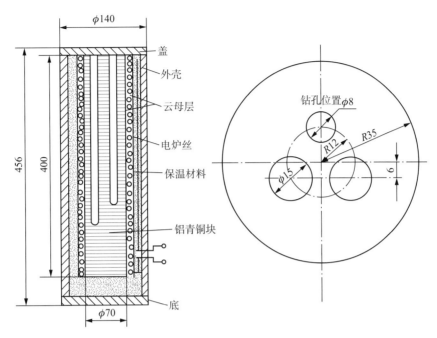

图 24 - 3　加热电炉　（单位：mm）

2. 制备煤笔的设备

（1）成型模及其附件：内部应光滑，带有漏斗和模子垫架，尺寸如图 24 - 4 所示。

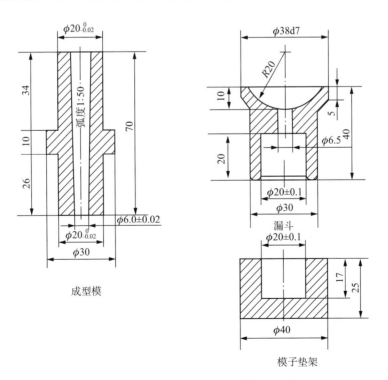

成型模

漏斗

模子垫架

图 24 - 4　成型模及附件　（单位：mm）

（2）成型打击器及其附件：尺寸如图 24－5 所示。

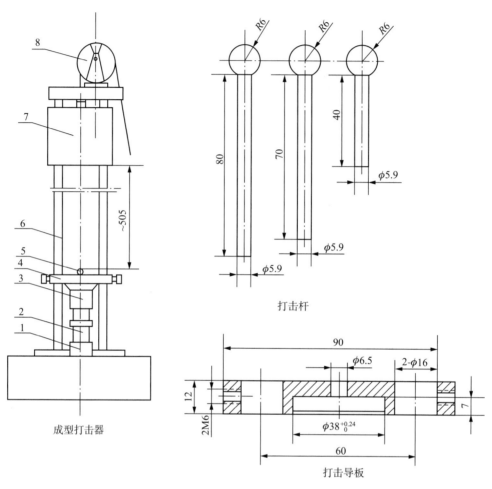

成型打击器

打击杆

打击导板

图 24－5　成型打击器及其附件　（单位：mm）

1—模子垫；2—成型模；3—漏斗；4—打击导板；5—打击杆；6—导柱；7—锤块；8—滑轮

（3）脱模压力器及其附件：尺寸如图 24－6 所示。

（4）量规：用以检查模子的尺寸。

（5）切样器。

3. 辅助用具

（1）膨胀管清洁工具：由直径为 6 mm 且头部呈斧形的金属杆、铜丝网刷和布拉刷组成，各清洁工具总长度均不小于 400 mm。

（2）成型模清洁工具：由试管刷(其直径为 20～25 mm)及布拉刷组成。

（3）涂蜡棒。

（4）天平：工业天平,分度值为 0.1 g。

（5）酒精灯。

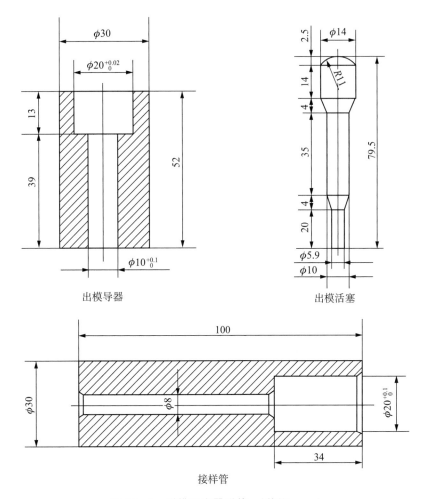

出模导器

出模活塞

接样管

图 24-6　脱模压力器附件　（单位：mm）

四、试样的制备和储存

先将煤样按 GB 474-2008 规定,破碎到粒度小于 3 mm,达到空气干燥状态后,再破碎至全部通过 0.2 mm 筛子。制备试样时控制粒度组成应符合下列要求:小于 0.20 mm 的为 100%;小于 0.10 mm 的为 70%~85%;小于 0.06 mm 的为 55%~70%。煤粒过细或过粗都会影响测定结果。

由于煤的氧化对膨胀度很敏感。为此,试样必须妥善保存,要尽量减少与空气的接触,一般应装在带磨口瓶塞的玻璃瓶中,放在阴凉处。试验应在制样后三天内完成,若不能在三天内完成,试样应放在真空干燥器或氮气中储存,且不得超过一周,否则试样作废。

五、实验步骤

1. 煤笔的制备

用布拉刷擦净成型模,并用涂蜡棒在成型模内壁涂上一薄层蜡后,称取制备好的试样 4 g,放在小蒸发皿内,用 0.4 mL 水润湿试样,迅速混匀,时间不宜过长,否则水分蒸发使脱模困难。然后将成型模的小口径一端向下置于模子垫架上,并且将漏斗套在大孔径一端。用牛角勺将试样顺着漏斗孔的边拨下,直到装满成型模。把剩余的试样刮回蒸发皿中。将打击导板水平压在漏斗上,用打击杆沿垂直方向压实试样(防止试样外溅或卡住打击杆)。

将整套成型模放在打击器下,先用长打击杆打击四下;补加上试样再打击四下;再补上试样依上法用中、短打击杆各打击两次,每次各四下共计二十四下。

移开打击导板和漏斗,取下成型模,将出模导器套在相对应的成型模小口径的一端,将接样管套在成型模的大口径端,再将出模活塞插入出模导器。然后将这整套装置置于脱模压器中,用压力器将煤笔推入接样管中。

将装有煤笔的接样管放在切样器槽中,用打击杆将其中的煤笔轻轻地推入切样器的煤笔槽中,在切样器中部插入一固定片使煤笔细的一端与其靠紧,用刀片将超出煤笔槽部分的煤笔(即长度大于 60 mm 的部分)切去,煤笔长度要调整到(60±0.25)mm。

将制备好的煤笔从膨胀管的下端轻轻地推入膨胀管中(煤笔的小头向上),再将膨胀杆慢慢插入膨胀管中。

若试样的最大膨胀度超过 300%,则改为半笔试验,即将 60 mm 长的煤笔从两头各切掉 15 mm,留下中间的 30 mm 进行试验。

2. 膨胀度的测定

将电炉预先升至一定温度,其预升温度根据试样挥发分的大小有所不同,当挥发分小于 20% 时,预升温度为 380℃;当挥发分为 20%~26% 时,预升温度为 350℃;当挥发分大于 26% 时,则预升温度为 300℃。把装有煤笔的膨胀管放入电炉孔内,调节电流使炉温在 7 min 内回复到入炉时温度。然后以 3℃/min 的速度升温。必须严格控制升温速度,使每 5 min 的允许差为 ±1℃,在不超过 5 min 的一段时间内,及时调节电流,以避免误差的积累。每 5 min 记录一次温度。

待试样开始固化(膨胀杆停止移动)后,再继续加热 5 min,然后停止加热,并立即将膨胀管和膨胀杆从炉中取出,分别垂直放在架子上(不要平放在地面上,以免膨胀管和膨胀杆变形)。

3. 膨胀杆和膨胀管的清洁

(1)膨胀管:卸去管底的丝堵,用斧形绞刀尽量除去管内的半焦,然后用铜丝网刷清除管内残留的半焦粉,再用布拉刷擦净,直到将管子对着光线看去,内壁光滑明亮无焦末时为止,特别要注意管子的两端。

(2)膨胀杆:可用很细的砂纸,擦去黏附在膨胀杆上的焦油渣,并注意不要将其边缘的棱角磨圆,最后检查膨胀杆能否在膨胀管中自由滑动。

六、结果计算

根据记录曲线读出和计算出五个基本参数：软化温度(T_1),开始膨胀温度(T_2),固化温度(T_3),最大收缩度(a),最大膨胀度(b)。

若收缩后膨胀杆回升的最大高度低于开始下降位置,则膨胀度按膨胀杆的最终位置与开始下降位置间的差值计算,但应以负值表示;若收缩后膨胀杆没有回升,则最大膨胀度以"仅收缩"表示;如果最终的收缩曲线不是完全水平的,而是缓慢向下倾斜,规定以500℃处的收缩值报出。

奥亚膨胀度和奥亚收缩度测定值修约到小数后一位,报出结果取整数。

七、精密度

烟煤奥亚膨胀度测定方法的重复性和再现性临界差的规定如表24-1所示。

表 24-1　奥亚膨胀计测定方法精密度

参　数	重复性限	再现性临界差
三个特性温度 T/℃	7	15
最大膨胀度 b/%	$5(1+b/100)$	$5(2+b/100)$

注：表中 b 是两次平行测定结果的平均值。

八、数据记录

奥亚膨胀度测定数据记录如表24-2所示。

表 24-2　奥亚膨胀度测定记录

日　期		煤　样		入炉温度		恢复时间	
时间/min	预计温度/℃	实际温度/℃	电流/A	测　定　结　果			
0				软化温度 T_1 = 　　℃			
5				开始膨胀温度 T_2 = 　　℃			
10				固化温度 T_3 = 　　℃			
15				最大收缩度 a = 　　%			
20				最大膨胀度 b = 　　%			

续　表

时间/min	预计温度/℃	实际温度/℃	电流/A	测　定　结　果
25				
30				
35				
40				
45				
50				（膨胀曲线图）
55				
60				
65				
70				
75				

测定者 _____

九、注意事项

1.煤笔制备是本实验的关键之一。

2.实验过程中应严格控制升温速率。

3.应注意膨胀管和膨胀杆的清洁,既要保证光滑又要保证笔直,避免弯曲影响膨胀杆在膨胀管中的自由滑动。

十、思考题

1.升温速度的变化对奥亚膨胀度测定值有何影响?

2.煤粒过细对测定值有何影响?

3.奥亚膨胀度与哪些黏结指标有关联?为什么?

4.最大膨胀度超过300%时为什么需要改为半笔试验?如果仍用60 mm煤笔,对测定值有何影响?

实验二十五　烟煤胶质层指数的测定

一、实验目的

胶质层指数是测定烟煤结焦性的一种方法,由萨保什尼可夫等人在1932年提出。主要测定烟煤最大胶质层厚度(Y值)、最终收缩度(X值)和体积曲线类型三个指标。这些指标能鉴定炼焦用煤的质量、检查煤层的质量、生产原煤和商品煤的质量,判断单种煤的类别。测定配合煤的Y值可作为炼焦配煤的主要指标之一。此外,通过对煤杯中结成的焦块的观察和描述,可得到焦块技术特征等辅助性资料。

二、基本原理

本法在模拟工业焦炉的条件下,对装在煤杯中的煤样进行单侧加热,在煤杯中形成一系列等温层面,而这些层面的温度由上而下依次递增,温度等于软化点的层面以下的煤都软化形成胶质体,在温度等于固化点的层面以下则结成半焦。因此,煤样中形成了半焦层、胶质层和未软化的煤样层三部分,如图25-1所示。

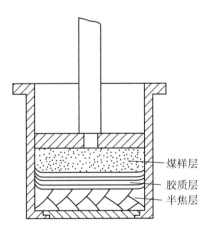

图 25-1　胶质层煤杯中的结焦过程示意图

胶质层厚度主要取决于煤炭胶质期间的温度间隔,还受胶质体膨胀和实验条件的影响。

在实验过程中,最初在煤杯下部生成的胶质层比较薄,以后逐渐变厚,然后又逐渐变薄,因此在煤杯中部出现胶质层厚度的最大值。在胶质层内,由于热分解产生了煤气,而胶质体的透气性又不好,积聚的煤气使胶质体发生膨胀,这种膨胀压力足以使压在煤样上的压力盘被抬起。如这些煤气在胶质层和半焦层内都找不到出路(如半焦很少裂缝),膨胀将持续很久,这时煤的体积曲线呈山形;如果胶质体的透气性虽然不好,胶质体有时膨胀,但积聚的煤气有时能从半焦的裂缝中很快逸出,则煤的体积曲线时起时伏形成"之"字形;如膨胀不大而煤气透散也较慢,则体积曲线呈波形或下降形;如煤胶质体透气性好,而煤的主要热分解又在形成半焦以后进行,则煤的体积曲线呈平滑下降等。这样,由于煤的熔融、分解性质不同,煤的体积曲线是多种多样的。体积曲线形状与煤种有一定关系,但由于体积曲线只能分几类,其中还有混合型,缺乏定量的判别依据,因此它们只能当作辅助指标。

煤杯内的全部煤样都结成半焦后,由于体积收缩,煤的体积曲线下降到最低点。以实验结束(730℃)时的煤样收缩所显现在体积曲线上的距离作为最终收缩度 X 值。X 值取决于煤的挥发分、熔融、固化、收缩等性质和实验条件。

三、仪器设备

1. 复式胶质层测定仪:仪器分为带平衡砣的(图 25-2)和不带平衡砣的(构造除不带平衡砣外,其余相同)两种类型。

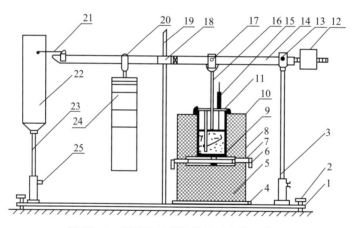

图 25-2 带平衡砣的胶质层测定仪示意图

1—底座;2—水平螺丝;3—立柱;4—石棉板;5—下部砖踆;6—接线夹;7—硅碳棒;8—上部砖踆;9—煤杯;10—热点偶铁管;11—压板;12—平衡砣;13、17—活轴;14—杠杆;15—探针;16—压力盘;18—方向控制板;19—方向柱;20—砝码挂钩;21—记录笔;22—记录转筒;23—记录转筒支柱;24—砝码;25—固定螺丝

2. 煤杯:尺寸如图 25-3 所示,其外径为 70 mm;杯底内径为 59 mm;从距杯底 50 mm 处至杯口的内径为 60 mm;从杯底到杯口的高度为 110 mm。煤杯使用部分的杯壁应光滑,不应有条痕和缺凹。每使用 50 次后应检查一次使用部分的直径。检查时,顺其高度每隔 10 mm 测量一点,共测六点,测得结果的平均数与平均直径(59.5 mm)相差不得超过 0.5 mm,杯底与杯体之间的间隙也不应超过 0.5mm。杯底的规格及其上的析气孔的布置如图 25-3 所示。

3. 胶质层层面探针:直径为 1 mm 的钢针,下端是钝头。刻度尺上刻度单位为 1 mm。

4. 胶质层测定仪的电热元件采用硅碳棒加热,其规格为:电阻 6～8 Ω;使用部分的长度

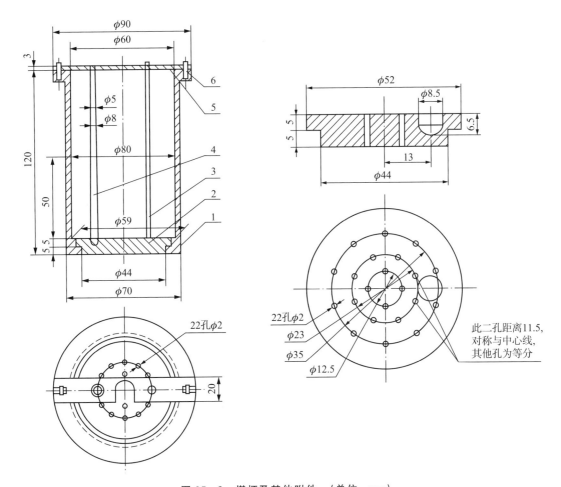

图 25－3　煤杯及其他附件　（单位：mm）

1—杯体；2—杯底；3—细钢棍；4—热电偶细管；5—压板；6—螺丝

150 mm，直径 8 mm；冷端长度 60 mm，直径 16 mm；灼热部分温度极限 1 200～1 400℃。硅碳棒的灼热强度能在距冷端 15 mm 处降下来。可用 5 kV·A 的可调变压器或采用温度程序控制仪来控制升温速度。

5. 测温用的热电偶和高温计：应用标准热电偶做校正。

6. 仪器的附属设备：推焦器，清洁煤杯用的机械装置和切制石棉圆垫用的切垫机。

四、实验准备

1. 试样应用对辊式破碎机破碎到全部通过 1.5 mm 的圆孔筛，但不得过度粉碎。必须严格防止氧化，为此，试样应装在密封、避光的容器中，储存在阴凉处。从制样到实验的时间不应超过半个月。

2. 在实验前应仔细将煤杯内壁、杯底、热电偶铁管及压力盘上所附着的焦屑、炭黑等用金刚砂布人工清除干净，并把各部件的表面擦光，亦可用清洁煤杯的机械装置，但不得使用金属工具。应仔细地清洁煤杯底受热面,清除其氧化层,仔细地清洁煤杯沟槽、杯底凸起部分和杯底上放置热电偶铁管的凹槽,并用针穿通杯底及压力盘上各析气孔。

3. 为测量胶质层厚度,使钢针能顺利地插到杯底和胶质层层面,应在一光滑的细钢棍上用香烟纸粘制一纸管。纸管的直径为 2.5~3.0 mm,高度约为 60 mm。装煤杯时将钢棍插入纸管,纸管下端折约 2 mm,纸管上端与钢棍贴紧,应能很容易地把钢棍从纸管中抽出来,并防止煤样进入纸管。

4. 用厚度为 0.5~1.0 mm 的石棉纸做两个直径为 59 mm 的石棉圆垫,在上部圆垫上还应留出供热电偶铁管穿过的圆孔。此外,在下部圆垫上对应压力盘上探测层面的小孔相对应的地方做一标记,在上部圆垫的相应地方留一供纸管穿过的小孔。

5. 将杯底放入煤杯中,务必使其下部凸出部分进入煤杯底部圆孔中,并使杯底上放置热电偶铁管的凹槽中心点与压力盘上放热电偶的孔中心点对准。

6. 先把下部石棉圆垫铺在杯底上,并使垫上的圆孔对准杯底上的凹槽,再在杯内下部沿杯壁围上一条宽约 60 mm、长为 190~200 mm 的滤纸条。把热电偶铁管放入杯底凹槽,把带有纸管的钢棍放在下部石棉圆垫上面已做好的标记处。用压板把热电偶的铁管和钢棍固定,使它们都保持垂直状态。

7. 称试样(100±0.5)g,用圆锥四分法分为四部分,分四次装入杯中,每装 25 g 之后,用金属针将试样摊平,但不得捣固。

8. 将压板暂时取下,把上部石棉圆垫小心地平铺在煤样上,并将露出的滤纸边缘折叠于石棉圆垫之上。把压力盘放入,再用压板把热电偶铁管加以固定,并将煤杯放入上部砖跺的炉孔中。把压力盘与杠杆连接起来,挂上砝码,并把杠杆调节到水平。

9. 当试样在实验中生成流动性很大的胶质体而溢出压力盘时,则应另行装样实验,此时,应装好上部石棉圆垫,并将滤纸反复折叠,用压力盘压平后,用直径 2~3 mm 的石棉绳在滤纸和石棉垫上方沿杯壁和热电偶铁管外壁围一圈,再放上压力盘,使石棉绳把压力盘与煤杯、压力盘与热电偶之间的缝隙严密地堵起来。

10. 在整个装样过程中,纸管应保持垂直状态。当压力盘与杠杆连好后,在杠杆上挂上砝码。把细钢棍小心地从纸管中抽出来(可轻加旋转),务必使纸管留在原有位置。如纸管被拔出,或煤粒进入纸管(可用探针试出),须重新装样。

11. 将热电偶置于热电偶铁管中,用胶质层层面探针通过压板小孔探测纸管底部,并读数作为基准零点。

12. 加热前按下式求出试样的装填高度:

$$h = H - (a + b) \qquad (25-1)$$

式中,h 为试样的装填高度,mm;H 为由杯底表面到杯口煤杯高度,mm;a 为由压力盘表面到杯口的距离,mm;b 为压力盘和两个石棉圆垫的总厚度,mm。

a 的数值用钢尺测量,顺煤杯周围在四个不同地方共测量四次,取其平均值。H 的数值应在每次装煤前实测,测定方法与测 a 的方法相同。b 的数值可用卡尺实测(经常使用同样厚度的石棉纸时,不必每次测定)。同一试样平行测定时,装填高度的允许误差为 1 mm,超过允许误差时应重新装样。报告结果应将试样的装填高度的平均值附注于 X 值之后。

五、实验步骤

1. 通电加热,控制升温速度,两煤杯温度最好保持一致,加热速度规定如下:在最初 30 min 内,以 8℃/min 的速度把温度升高到 250℃,在 250℃ 以后,必须力求按 3℃/min 的速度均匀升温,每 10 min 记录一次温度,在 350～600℃ 期间,实际温度与应达到的温度的差不应超过 5℃,其余时间内不应超过 10℃。否则,实验作废。

2. 温度到达 250℃ 时,开始记录体积曲线。

3. 对一般煤样,测量胶质层层面是在体积曲线开始下降后几分钟开始,到大约 650℃ 时停止。如遇体积曲线呈山型或生成流动性很大的胶质体时,其胶质层层面的测定可适当提前停止,一般可在胶质层最大厚度出现后再对上、下部层面各测 2～4 次即可停止,并立即用石棉绳或石棉绒把压力盘上探测孔严密地堵起来,以免胶质体溢出。

4. 测量胶质层上部层面时,须将探针通过压板和压力盘上小孔插入纸管中,将探针刻度尺放在压板上,将探针轻轻往下探测,直到其下端接触到胶质层时用手拿住,不使其再下降,读取层面到杯底的距离,并同时记录测量的时间。

5. 测量胶质层下部层面时,应将探针小心地穿透胶质层,直到半焦坚固层为止,同时读取并记录下部层面的位置和测定的时间,然后将探针轻轻转动,小心地抽出,防止带出胶质体或使胶质层内积存的煤气突然逸出,以免破坏体积曲线的形状和影响层面位置。

6. 测量胶质层上、下部层面的频率应根据体积曲线的形状及胶质体的特性来确定。

(1) 当曲线呈"之"字形或波形时,在体积曲线上升到最高点时测量上部层面,当体积曲线下降到最低点时测量上部层面和下部层面(但下部层面的测量不应太频繁,为 8～10 min/次)。如果曲线起伏非常频繁,可间隔一次或两次起伏再测。

(2) 当体积曲线呈山形、平滑下降形或微波形时,上部层面每 5 min 测一次,下部层面每 10 min 测一次。

(3) 当体积曲线分阶段符合上述典型情况时,上、下部层面测定的频率应分阶段按其特点依上述规定进行。

(4) 当体积曲线呈平滑斜降形时(属结焦性不好的煤,Y 值一般在 7 mm 以下),胶质层的上、下部层面往往不明显,总是一穿即达杯底,遇此情况,可暂停 20～25 min,使层面恢复,然后以每 15 min 不多于 1 次的频率测量上、下部层面,力求准确测出下部层面的位置。

(5) 如果煤在实验时形成流动性很大的胶质体,下部层面测定可稍晚开始,然后每隔 7～8 min 测一次,到 620℃ 也应堵孔。

(6) 当温度达到 730℃ 时停止实验,关闭电源,卸下砝码,使仪器全部冷却。

六、实验结果

通过以下步骤进行曲线的加工及胶质层测定结果的确定。

1. 在体积曲线上方水平方向以温度、下方以时间作横坐标,在左侧标出层面与杯底距离为纵坐标,根据记录表上所记录的各个上、下部层面位置和相应的"时间"数据,在图纸上标出

"上部层面"和"下部层面"的点,分别以平滑的线加以连接,得出上、下部层面曲线。如按上法连成的层面曲线呈"之"字形,则应通过"之"字形部分各线段的中部连成平滑曲线作为最终层面曲线(图 25 - 4)。

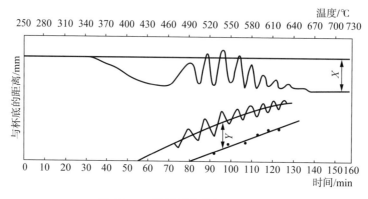

图 25 - 4 胶质层曲线加工示意图

2. 取胶质层上、下部层面曲线之间沿纵坐标方向的最大距离(读准到 0.5 mm)作为胶质层最大厚度 Y(一般在 520~630℃内出现)。

3. 取 730℃时体积曲线与零点线间的距离(读准到 0.5 mm)作为最终收缩度 X。

4. 将整理完毕的曲线图标明实验编号,与记录表 25 - 1 一并保存。

5. 用体积曲线对照图(图 25 - 5),确定其类型。

6. 鉴定焦块的技术特征,记入记录表中。

7. 注明试样装填高度。如果测得胶质层厚度为零时,在报告 Y 值时,应该注明焦块的熔合状况。取前杯和后杯重复测定的算术平均值,计算到小数后一位,然后修约到 0.5,作为实验结果报出。

表 25 - 1 胶质层指数实验记录表

_____年_____月_____日 第_____号

试样编号						装煤高/mm		前								
试样来源		收样日期		年 月 日												
仪器号码		煤杯号码		前 后				后								
时间/min		0	10	20	30	40	50	60	70	80	90	100	110	120	130	140	150	160
温度(前)/℃	应到															
	实到															
温度(后)/℃	应到															
	实到															

时间 （前）/ min	胶质层层面距杯 底的距离/mm		时间 （后）/ min	胶质层层面距杯 底的距离/mm	
	上部	下部		上部	下部

焦块技术特征

缝隙_____色泽

孔隙_____海绵体

绽边_____熔合状况

成焦率　前__％,后__％

胶质层厚度（Y）_____mm

最终收缩度（X）_____mm

体积曲线形状：_____形

附注：

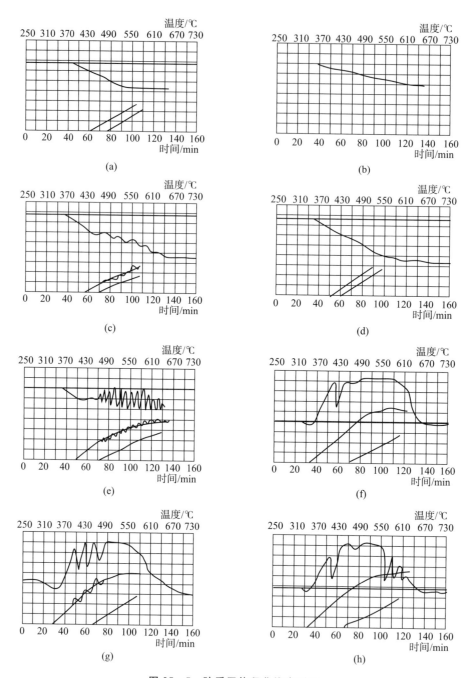

图 25-5　胶质层体积曲线类型图

（a）平滑下降形；（b）平滑斜降形；（c）波形；（d）微波形；（e）"之"字形；（f）山形；（g）（h）"之"山混合形

七、精密度

烟煤胶质层指数测定方法的重复性限：胶质层厚度 $Y \leqslant 20$ mm 时为 1 mm，$Y > 20$ mm 时为 2 mm；最终收缩度 X 值为 3 mm。

八、注意事项

1. 在实验过程中要严格控制升温速度,当煤气大量从杯底析出时,应向电热元件吹热风,使析出的煤气和炭黑烧去,以免发生短路。

2. 在测量胶质层下部层面时,应防止胶质体的带出和溢出。

3. 如实验过程中胶质体溢出到压力盘上,或在纸管中的胶质层层面骤然高起,则实验作废。

九、思考题

1. 通过实验,分析本实验方法的主要缺点和优点。

2. 在250℃以前,煤样发生了什么变化,250℃以后又发生了哪些变化?

3. 不同类型的体积曲线有何不同意义?体积曲线和上、下部层面的形状由什么决定?

十、附录：焦块技术特征的鉴定

对焦块技术特征进行观察并予以描述和记录,对在科研和生产中进一步了解煤的结焦性和估计该煤在规定条件下炼出的焦炭可能具有的性质有所帮助。但相关鉴别方法多是定性的,有时甚至带有一定的主观性,在工作中可以根据需要,进行其全部或一部分项目的鉴定。

焦块技术特征的鉴别方法如下。

1. 缝隙:缝隙的鉴定以焦块底面(加热侧)为准,一般以无缝隙、少缝隙和多缝隙三种特征表示,底部缝隙示意图如图25-6所示。

无缝隙、少缝隙和多缝隙是按单体焦块块数的多少区分的,单体焦块块数是指由于裂缝把焦块底面划分成的区域数(如一条裂缝的一小部分不完全时,允许沿其走向延长,以清楚地区分单体焦块数,图25-6中的单体焦块数为8,虚线表示裂缝沿走向的延长线)。

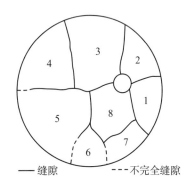

图25-6　单体焦块和缝隙示意图

单体焦块数为1时代表无缝隙;单体焦块数为2~6时代表少缝隙;单体焦块数为6以上时代表多缝隙。

2. 孔隙指焦块剖面的孔隙情况,以"小孔隙""小孔隙带大孔隙""大孔隙很多"来表示。

3. 海绵体指焦块上部的蜂焦部分,可分为无海绵体、小泡状海绵体和敞开的海绵体。

4. 绽边指有些煤的焦块由于收缩应力裂成的裙状周边,如图25-7所示。依其高度分为无绽边、低绽边(约占焦块全高1/3以下)、高绽边(约占焦块2/3以上)和中等绽边(介于高、低绽边之间)。海绵体和焦块绽边的情况应在记录表上以剖面图表示。

5. 色泽:以焦块断面接近杯底部分的颜色和光泽为准。焦色分黑色(不结焦或凝结的焦块)、深灰色和银灰色等。

6. 熔合情况：分为粉状(不结焦)、凝结、部分熔合和完全熔合等。

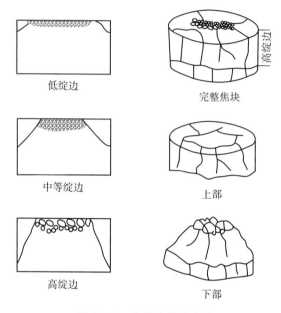

<table>
<tr><td>低绽边</td><td>完整焦块</td></tr>
<tr><td>中等绽边</td><td>上部</td></tr>
<tr><td>高绽边</td><td>下部</td></tr>
</table>

图 25-7　焦块绽边示意图

实验二十六　闪点的测定

实验 26.1　宾斯基-马丁闭口杯法

一、实验目的

理解闪点的定义、用途及闪点测定的基本原理、测定和校正方法。能正确使用闪点测定仪,准确熟练地进行闪点测定,并对测定结果进行校正。可燃液体产品用闭口杯在规定条件下加热到它的蒸气与空气的混合气接触火焰发生闪火时的最低温度,称为闭口杯法闪点。了解掌握可燃液体的闪点及闪点的测定方法,对可燃液体产品的安全使用有着极其重要的意义。

二、实验原理

由于使用可燃液体产品时有封闭状态和暴露状态的区别,测定闪点的方法有闭口杯法和开口杯法两种。闭口杯法多用于轻质油品,开口杯法多用于润滑油及重质油品。具体如何选用则取决于油样的性质和使用条件。轻质油品选用闭口杯闪点,是由于它与轻质油品的实际贮存和使用条件相似,可以作为安全防火控制指标的依据。重质油品及多数润滑油一般在非密闭机件或温度不高的条件下使用,它们含轻质组分较少,因此采用开口杯法测定。对于在密闭、高温条件下使用的内燃机润滑油、特种润滑油、电器用油则要求控制闭口杯闪点。

闭口杯法和开口杯法的区别是仪器不同、加热和引火条件不同。闭口杯法中试验油品在密闭油杯中加热,只在点火的瞬时才打开杯盖;开口杯法中试验油品是在敞口杯中加热,蒸发的油气可以自由向空气中扩散,测得的闪点较闭口杯法高。一般相差 10～30℃,油品越重,闪点越高,差别也越大。重质油品中加入少量低沸点油品,会使闪点大为降低,而且两种闪点的差值也明显增大。由于可燃液体产品闪点的测定是条件试验,所以所用仪器规格及操作方法必须按国家标准进行。

三、仪器设备

本实验采用自动宾斯基-马丁闭口杯法闪点试验仪,型号为 apm－8(图 26－1)。

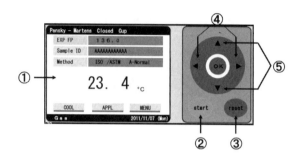

图 26-1 apm-8 型闭口杯法闪点仪操作盘界面

① 液晶显示屏：显示试验方法、油样温度、闪点结果(闪烁)、预期闪点及故障信息等。
② start 键：开始试验时使用。
③ reset 键：返回标准界面时使用(试验中或冷却中，中断时使用)。
④ 左、右键：光标移动、选择项目和程序时使用。
⑤ 上、下键：光标上的数值增减、项目变更时使用。
⑥ OK 键：当更改数值后确认时使用。

四、实验准备

1. 启动仪器

打开仪器电源开关，液晶显示屏上显示油样名 ID 输入、试验方法选择键、冷却键、手动检测键、主菜单键等。

2. 设定预期闪点

确保每次测试准确地输入预期闪点，如果设置不当，如远远高于实际油样的闪点值，将引起火灾，仪器油杯口燃烧。通过上/下键移位，左/右键更改大小，最高设定不高于 370℃。

如果无法准确设定，请将值设定最高 370，选择 SPE 模式进行测量，将测量闪点输入预期闪点栏，用标准模式再次测试一次即为准确结果。

3. 输入油样名 ID

(1) 按上下键移动光标(黄色)到"Sample ID"(油样名)设定框处，按"OK"键。
(2) 光标(黄色)进入右边油样名设定框时，用上下左右键，输入油样名称。

4. 试验模式选择

本仪器内含 8 种试验模式可供选择，如表 26-1 所示，分别是：ISO/ASTM A-CRM (A 法-认证标准模式)、ISO/ASTM A-Normal (A 法-标准模式)、ISO/ASTM A-SPE(A 法-特殊模式)、ISO/ASTM B-Normal (B 法-标准模式)、ISO/ASTM B-SPE(B 法-特殊模式)、ASTM C-Normal (C 法-标准模式)、ASTM C-SPE(C 法-特殊模式)、Custom (用户模式)。

表 26 - 1 试验模式一览表

试验模式名	内　　容
ISO/ASTM A-CRM（A 法-认证标准模式）	采用带证书的标准试样,将闪点补正到 0.1℃
ISO/ASTM A-Normal（A 法-标准模式） ISO/ASTM B-Normal（B 法-标准模式） ASTM C-Normal（C 法-标准模式）	试验根据 ISO 2719 - 2016/ASTM D93 - 2015 方法进行,将闪点补正到 0.5℃
ISO/ASTM A-SPE（A 法-特殊模式） ISO/ASTM B-SPE（B 法-特殊模式） ASTM C-SPE（C 法-特殊模式）	对预期闪点不明的油样测定大致闪点值的试验模式,此模式升温速度较快,试验开始直到检测闪点,此模式与 ISO/ASTM 的试验方法不一样
Custom 用户模式	此模式,用户可任意设定升温速度、搅拌速度以及闪点检测的温度间隔,设定方法请参照使用用户模式

5. 准备油样、油杯

（1）油杯使用前,用溶剂适当洗净、干燥。油杯盖内面侧有闪点温度传感器,清洁时,用溶剂及柔软的布、餐巾纸擦拭,请注意不要损坏闪点检测传感器。油杯可用无铅汽油洗涤,再用空气吹干。

（2）根据 ISO 2719 - 2016/ASTM D93 - 2015 标准规定,当油样黏度高或油样中含水时必须进行前期处理。试样若含有未溶解水,在样品混匀前应将水分离出来。脱水处理是在试样中加入新煅烧并冷却的食盐、硫酸钠或无水氯化钙进行,试样闪点估计低于 100℃ 时不必加温,闪点估计高于 100℃ 时,可以加热到 50～80℃。脱水后,取试样的上层澄清部分供试验使用。

（3）按杯盖分离按钮,可使杯、盖分离。

（4）将油样倒入油杯的标线处,并放入加热槽中。试样注入油杯时,试样和油杯的温度都不应高于试样脱水的温度。

（5）放下检测臂,将杯盖正确盖在油杯上,油杯与杯盖呈密闭状态。

五、实验步骤

1. 打开气源（采用气体点火时）或仪器电源（电子打火）即可,按"start"键,开始试验。温度显示部显示预期闪点 5 s,RUN 灯点亮,加热丝开始加热,点火线圈亮并开始搅拌。

2. 当选用气体点火模式时,点火电热丝会自动点燃试验火焰（试验火焰的大小可参照仪器上标准球的大小调节试验火焰针阀）。

3. 仪器交货后或位置移动后连接煤气管第一次试验时,由于煤气管内充满了空气,所以应打开火焰调节阀使空气流出。空气清除后,此时点火,火焰会很大。所以,一旦点燃应迅速控制煤气量,调节火焰大小。最初实验火焰并不稳定,应根据情况作出调节,直到稳定为止。

4. 接下来试验自动进行,A 法分为: ISO/ASTM A 法-认证标准模式、ISO/ASTM A 法-标准模式、ISO/ASTM A 法-特殊模式。闪点被检测到之前,试验过程如表 26 - 2 所示自动进行。

表 26 - 2　采用 A 法的实验过程

试验模式	ISO/ASTM A 法-认证标准模式		ISO/ASTM A 法-标准模式		ISO/ASTM A 法-特殊模式
预期闪点条件	≤110℃	>110℃	≤110℃	>110℃	
升温速度	5~6℃/min		5~6℃/min		到预期闪点−60℃时,以 14~17℃/min 升温,以后以 5~6℃/min 慢慢下降
火焰探测点火时的开始温度	预期闪点前−23±5℃		预期闪点前−23±5℃		开始后最初的奇数(预期闪点值−开始探测温度=奇数)开始后最初的偶数(预期闪点值−开始探测温度=偶数)
火焰探测点火时的温度间隔	1℃/次	2℃/次	1℃/次	2℃/次	2℃/次
搅拌速度	90~120 r/min		90~120 r/min		90~120 r/min
取舍精度	0.1℃		0.5℃		0.5℃

　　B 法分为：ISO/ASTM B 法-标准模式、ISO/ASTM B 法-特殊模式。闪点被检测到之前,试验过程如表 26-3 所示自动进行。

表 26 - 3　采用 B 法的实验过程

试验模式	ISO/ASTM B 法-标准模式		ISO/ASTM B 法-特殊模式
预期闪点值	≤110	>110	
升温速度	1~1.6℃/min		到预期闪点−60℃时,以 6~8℃/min 升温,以后以 1~1.6℃/min 升温
火焰探测点火时的开始温度	预期闪点前−23±5℃		开始后最初的奇数(预期闪点值=奇数)开始后最初的偶数(预期闪点值=偶数)
火焰探测点火时的温度间隔	1℃/次	2℃/次	2℃/次
搅拌速度	(250±10)r/min		(250±10)r/min
取舍精度	0.5℃		0.5℃

　　C 法分为：ASTM C 法-标准模式、ASTM C 法-特殊模式。闪点被检测到之前,试验过程如表 26-4 所示自动进行。

表 26 - 4　采用 C 法实验过程

试验模式	ASTM C 法-标准模式	ASTM C 法-特殊模式
升温速度	3.0±0.5℃/min	到预期闪点前 60℃ 时,以 14～17℃/min 升温,以后以 3.0±0.5℃/min,慢慢下降
火焰探测点火时的开始温度	预期闪点前 24℃	开始后最初的奇数(预期闪点值＝奇数) 开始后最初的偶数(预期闪点值＝偶数)
火焰探测点火时的温度间隔	2℃/次	2℃/次
搅拌速度	90～120 r/min	90～120 r/min
取舍精度	0.5℃	0.5℃

5. 检测闪点:检测到闪点,温度显示部背景颜色变绿色,闪烁闪点结果,蜂鸣器鸣叫 8 s。显示冷却状态(绿色灯亮)、加热器停止加热、点火电热丝灭灯、搅拌停止、进入冷却状态,如果是气体点火时,试验火苗熄火。

将闪点修正到标准大气压(101.3 kPa)下的闪点,T_C:

$$T_C = T_0 + 0.25(101.3 - p) \tag{26-1}$$

式中,T_0 为环境大气压下的观测闪点,℃;p 为环境大气压,kPa。

本公式仅限在大气压为 98.0～104.7 kPa 的范围内使用。

按"reset"键或"start"键后,闪点结果画面被解除,显示当时实际温度。当点火源开始动作,探测点火就检测到闪点时,试验会停止。这时,画面会显示出错"INVALID:flashed on 1st appl(第一次点火测到闪点)"。接下来试验需更换油样,将预期闪点设低,直到检测到闪点为止。

6. 试验结束:冷却 10 min 后,冷却动作自动停止(显示温度的背景颜色由绿变白)。10 min 以内按"reset"键,会停止冷却,保留(闪烁)的闪点结果会被解除。

六、注意事项

1. 因试样呈高温状态时,会产生有害的蒸发气体及热分解气体,故换气不良会引起有害气体的逸散并可能导致中毒。仪器请置于通风橱中或换气良好的地方。

2. 将仪器置于稳固的水平台上,不要置于可燃物旁,仪器旁应备置灭火器。

3. 因预期闪点设定遗忘或输入错误,而造成比实际闪点更高的设定闪点进行试验时,有可能导致失火。所以应设定预期闪点,每次试验都必须确认。

4. 实验结束取出油杯时,即使是油杯把手、湿手,也不要触摸,有烫伤的可能。

5. 不要废弃高温状态的油样。当处于高温的废液倒入闪点低的废油里时,会有着火、爆炸的危险。

七、精密度

按下述规定判断试验结果的可靠性（95％的置信水平）。

1. 重复性，r

在同一实验室，由同一操作者使用同一仪器，按相同方法，对同一试样连续测定的两个试样结果之差不能超过表 26-5 和表 26-6 中的数值。

表 26-5　A 法的重复性

材　料	闪点范围/℃	r/℃
油漆和清漆	—	1.5
馏分油和未使用过的润滑油	40～250	0.029X

注：X 为两个连续试验结果的平均值。

表 26-6　B 法的重复性

材　料	闪点范围/℃	r/℃
残渣燃料油和稀释沥青	40～110	2.0
用过的润滑油	170～210	5[①]
表面趋于成膜的液体、带悬浮颗粒的液体或高黏稠材料	—	5.0

注：① 在 20 个实验室对一个用过的柴油发动机油试样测得到的结果。

2. 再现性，R

在不同实验室，由不同操作者使用不同的仪器，按相同方法，对同一试样测定的两个单一、独立的试样结果之差不能超过表 26-7 和表 26-8 中的数值。（本精密度的再现性不适用于 20 号航空润滑油）

表 26-7　A 法的再现性

材　料	闪点范围/℃	R/℃
油漆和清漆	—	—
馏分油和未使用过的润滑油	40～250	0.071X

注：X 为两个独立试验结果的平均值。

表 26 - 8　B 法的再现性

材　　料	闪点范围/℃	R/℃
残渣燃料油和稀释沥青	40~110	6.0
用过的润滑油	170~210	16[①]
表面趋于成膜的液体、带悬浮颗粒的液体或高黏稠材料	—	10.0

注：① 在 20 个实验室对一个用过的柴油发动机油试样测定得到的结果。

八、思考题

1. 闪点(闭口)测定中规定了试样的装入量,试样的多少对测定结果有何影响?
2. 为什么闪点(闭口)测定中规定了打开杯盖和点火的时间?
3. 解释同一油样的开口杯闪点比闭口闪点高的原因。

实验 26.2　克利夫兰开口杯法

一、实验目的

　　可燃液体产品用开口杯在规定条件下加热到它的蒸气与空气的混合气接触火焰发生闪火时的最低温度,称为开口杯法闪点。了解掌握可燃液体产品的闪点及闪点的测定方法,对可燃液体产品的安全使用有着极其重要的意义。本方法规定了用开口杯测定闪点和燃点的方法。本标准适用于除燃料油(燃料油通常按照 GB/T 261 - 2021 进行测定)以外的、开口杯闪点高于 79℃ 的石油产品。

二、方法概要

　　把试样装入油杯到规定的刻线。首先迅速升高试样的温度,然后缓慢升温,当接近闪点时,恒速升温。在规定的温度间隔,用一个小的点火器火焰按规定通过试样表面,以点火器火焰使试样表面上的蒸气发生闪火的最低温度为开口杯法闪点。继续进行试验,直到用点火器火焰使试样发生点燃并至少燃烧 5s 时的最低温度,即为开口杯法燃点。

三、仪器设备

　　本实验采用克利夫兰开口杯法自动闪点试验仪,型号为 aco - 8(图 26 - 2)。

图 26 - 2　aco - 8 型开口杯法闪点仪操作界面

① 液晶显示器：显示试验模式、油样温度、闪点结果(闪烁)、预期(闪)点等。

② start 键：开始试验时使用。

③ reset 键：试验中或冷却中,需要中断时使用。

④ 左、右键：光标移动、项目选择时使用。

⑤ 上、下键：光标上的数值增减、项目变更时使用。

⑥ OK 键：确认所输入的文字时使用。

四、实验准备

1. 打开仪器电源

2. 油杯及油样准备

(1) 将测定臂抬起,用布、餐巾纸擦净检测环及温度传感器(目的是将上次试验残留的油样擦净,否则会影响实验结果)。

(2) 油杯(标准配件)用溶剂适当洗净、干燥。

(3) 将油样倒入油杯的标线处。试样若含有未溶解水,在样品混匀前应将水分离出来。脱水处理是在试样中加入新煅烧并冷却的食盐、硫酸钠或无水氯化钙进行。闪点低于 100℃ 的试样脱水时不必加热,其他试样允许加热至 50～80℃ 时用脱水剂脱水。脱水后,取试样的上层澄清部分供试验使用。

(4) 将装有油样的油杯放入隔热板的当中。

(5) 放下测定臂。

3. 预期闪点的设定

(1) 在进行油样闪点试验前,必须输入预期闪点值。以后每次试验时,仍必须确认。

(2) 按上下键移动光标(黄色)到"EXP FP"(预期闪点)处,按"OK"键。

(3) 光标(黄色)进入右边预期闪点设定框时,按上下左右键,设定预期闪点值,按"OK"键确认。预期闪点数值不能超过 400。

4. 输入油样名 ID

（1）按上下键移动光标（黄色）到"Sample ID"（油样名）设定框处，按"OK"键。

（2）光标（黄色）进入右边油样名设定框时，用上下左右键，输入油样名称。

5. 选择实验模式

本仪器内含 10 种实验模式可供选择，分别是 ISO/JIS CRM、ISO/ JIS Normal、ISO/ JIS SPE、ISO/ JIS Fire、ISO/ JIS Skim、ASTM Fire、ASTM SPE、ASTM Normal、ASTM Skim、Custom，如表 26 - 9 所示。

表 26 - 9　实验模式一览表

实 验 模 式	内　　容
ISO/JIS CRM	经认证标样实验模式
ISO/JIS Normal	JIS K 2265 - 4 标准实验模式
ISO/JIS SPE	JIS K 2265 - 4 预期闪点不明，特殊实验模式
ISO/JIS Fire	JIS K 2265 - 4 燃烧点实验模式
ISO/JIS Skim	JIS K 2265 - 4 沥青闪点实验模式
ASTM Normal	ASTM D92 标准实验模式
ASTM SPE	ASTM D92 预期闪点不明，特殊实验模式
ASTM Fire	ASTM D92 燃烧点实验模式
ASTM Skim	ASTM D92 沥青闪点实验模式
Custom	升温速度等自主设定实验模式（用户模式）

如果预期闪点的设定值高于油样的燃点，有可能第一次点火就引燃着火，引起火灾。为了防止发生意外事故，试验不明闪点值的油样，建议采用特殊模式。另外，试验过程中，操作人员必须在场。

五、实验步骤

1. 打开气源，按"start"键。试验开始。RUN 灯点亮（橘黄色），加热丝开始加热（测定部右上方红灯亮），点火头火苗被点燃。

2. 按"start"键 5s，温度显示部显示预期闪点（如果预期闪点未输入，按"start"键，画面会显示"NG"；预期闪点未输入，这时按"reset"键清除"NG"显示）。

3. 加热器是否输出，可从通过测定部右上方红色灯加以确认。灯亮表示 100% 满输出、灯灭表示 0％、中间则为闪烁状态。

4. 点火电热丝会自动点燃实验火苗。自动点燃的时间与上一次的实验间隔多少会有变动。如果已做过几次实验，则相差数秒，早上第一次试验，则会相差 1 min 左右。另外实验火苗被点燃后才能离开。实验火苗的大小可参照仪器上标准球的大小调节试验火苗针阀。

5. 煤气管连接后第一次实验时（交货后或仪器移动后），煤气管内充满了空气，所以应打开针阀使空气流出。空气被清除后，这时实验火苗并不稳定，应根据情况作出调节，直到稳定为止。

6. 接下来实验会自动进行，如表 26 - 10 所示。

7. 闪点测定：检测到闪点，温度显示部会显示闪点结果并保留。同时蜂鸣器 8s 断续鸣叫。显示冷却状态（绿色）、停止加热、点火线圈灯灭、试验火苗熄火。最后闪点结果按式（26 - 1）进行大气压补正。

8. 实验结束：冷却 10 min 后，冷却动作自动停止。10 min 之内如果按"reset"键，中途可停止风冷，但这时保留（闪烁）的闪点值也被解除。

六、注意事项

同"宾斯基–马丁闭口杯法"。

七、精密度

按下述规定判断试验结果的可靠性（95％的置信水平）。

1. 重复性，r

在同一实验室，由同一操作者使用同一仪器，按相同方法，对同一试样连续测定的两个试样结果之差对于闪点和燃点均不能超过 8℃。

2. 再现性，R

在不同实验室，由不同操作者使用不同的仪器，按相同方法，对同一试样测定的两个单一、独立的结果之差对于闪点不能超过 17℃，对于燃点不能超过 14℃。

八、思考题

1. 影响油品闪点的因素有哪些？
2. 测定闪点时为什么要严格控制加热速度？
3. 闪点测定在生产和应用上有何意义？

表 26 - 10　试验过程

试验模式	ISO/JIS CRM	ISO/JIS Normal	ISO/JIS SPE 奇数	ISO/JIS SPE 偶数	ISO/JIS Fire	ISO/JIS Skim	ASTM Fire	ASTM SPE 奇数	ASTM SPE 偶数	ASTM Normal	ASTM Skim	Custom 奇数	Custom 偶数
预期闪点条件	条件无	条件无	条件无	条件无	条件无	条件无	条件无	条件无	条件无	无条件	无条件		
升温速度	到预期闪点前，−56℃，以14~17℃/min升温，以后慢慢下降；从预期闪点，−28℃开始，以5~6℃/min升温	到预期闪点，以−56℃前14~17℃/min升温，以后慢慢下降；从预期闪点，−28℃开始，以5~6℃/min升温	到预期闪点前−56℃，以14~17℃/min升温，以后慢慢下降；从预期闪点，−28℃开始，以5~6℃/min升温	到预期闪点前14~17℃/min，以慢慢下降；从预期闪点，−28℃开始，以5~6℃/min升温	到预期闪点，以−56℃前14~17℃/min升温，以后慢慢下降；从预期闪点，−28℃开始，以5~6℃/min升温	到预期闪点，以−56℃前14~17℃/min升温，以后慢慢下降；从预期闪点，−28℃开始，以5~6℃/min升温	到预期闪点，以−56℃前14~17℃/min升温，以后慢慢下降；从预期闪点，−28℃开始，以5~6℃/min升温	到预期闪点，以−56℃前14~17℃/min升温，以后慢慢下降；从预期闪点，−28℃开始，以5~6℃/min升温	到预期闪点，以−56℃前14~17℃/min升温，以后慢慢下降；从预期闪点，−28℃开始，以5~6℃/min升温	到预期闪点，以−56℃前14~17℃/min升温，以后慢慢下降；从预期闪点，−28℃开始，以5~6℃/min升温	到预期闪点，以−56℃前14~17℃/min升温，以后慢慢下降；从预期闪点，−28℃开始，以5~6℃/min升温	升温速度1（3.0℃,5.5℃,10.0℃,15.5℃）；升温切换点0~400℃任意输入	升温速度2（3.0℃,5.5℃,10.0℃,15.5℃）；升温切换点0~400℃任意输入
试验火苗回来检测温度开始温度	预期闪点前(23±5)℃	预期闪点前(23±5)℃	开始后最初的奇数	开始后最初的偶数	预期闪点前(23±5)℃	开始后最初的偶数	预期闪点前(23±5)℃	开始后最初的奇数	开始后最初的偶数	预期闪点前(23±5)℃	预期引火点前(23±5)℃	0~400℃任意输入	0~400℃任意输入
试验火苗回来检测温度间隔	2℃	2℃	2℃	2℃	2℃	2℃	2℃	2℃	2℃	2℃	2℃	试验火苗来回移动温度间隔1（0.5℃,1.0℃,2.0℃,10.0℃）；试验火苗来回移动温度间隔2（0.5℃,1.0℃,2.0℃,5.0℃,10.0℃）；升温切换点0~400℃任意输入	
取舍精度	0.1℃	1℃	1℃	1℃	1℃	1℃	2℃	2℃	2℃	2℃	2℃	0.1℃	

实验二十七　油品馏程的测定
（自动减压蒸馏仪）

一、实验目的

掌握减压蒸馏的原理和应用范围；明确油品馏程、初馏点和干点的定义；学会使用自动减压蒸馏仪。

二、实验原理

蒸馏是利用混合液体或液-固体系中各组分沸点不同，使低沸点组分先蒸发，再冷凝，以分离出组分的单元操作过程，它由蒸发和冷凝两种单元操作联合，是一种热力学中常用的分离液体混合物的方法。液体加热到饱和蒸气压和外部压强相等时，便开始沸腾。这时的温度叫作液体的沸点，液体的沸点随外部压强的增高而增高。油品是由各种不同烃类及少数非烃类组成的复杂混合物，因此无固定的沸点，只能测出其沸点范围及沸程，也称为馏程。馏程一般用一定蒸馏温度下馏出物的体积分数或馏出物达到某一体积分数时对应的蒸馏温度来表示。当油品被加热蒸馏时，沸点低的组分最先汽化馏出，此时的温度称为初馏点；在不断加热的情况下，蒸出来的组分的沸点由低逐渐升高，直到最高沸点的组分被蒸馏出来为止，此时的温度称为终馏点；当最后一滴液体汽化时所观察到的温度称为干点。

液体的沸点是随外界压力的变化而变化的，借助于真空泵降低系统内压力，就可以降低液体的沸点，这就是减压蒸馏操作的理论依据。对于蜡油、重柴油、润滑油等重质石油产品，它们的馏程温度都在350℃以上，当使用常压蒸馏法进行蒸馏，其蒸馏温度达到 350～380℃ 时，高分子烃类就会受热分解，使产品的性质改变而难于测定其馏分组成，因此可采用减压蒸馏进行测定。用减压蒸馏法测得的油品馏出百分数与对应的蒸馏温度所组成的一组数据，称为油品减压馏程。减压蒸馏在某一残压下所读取的蒸馏温度，用常、减压温度换算图换算为常压的蒸馏温度，用体积分数表示馏出量。

三、仪器设备

本实验采用 ARD-1 自动减压蒸馏试验仪（数字显示、自动控制温度），该仪器的主要组成部分如图 27-1 所示。

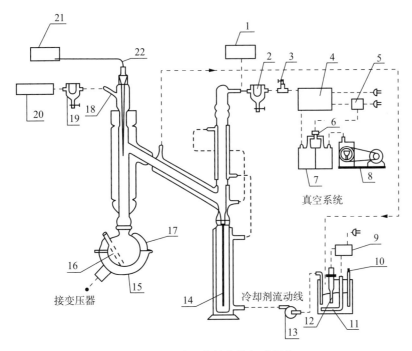

图 27 - 1 减压蒸馏仪的组成部分

1,20—真空计(任选其一);2,19—冷阱;3—充压接头;4—压力调节系统;5,9—继电器;6—电磁阀;
7—平衡罐;8—真空泵;10—温度计;11—循环液加热器;12—温度调节器;13—循环泵;14—滴链;
15—加热套;16—温度计套管;17—保温层;18—温度传感器或真空接头;21—数字温度指示器;
22—铂电阻温度计传感器

1. 测试适用范围:ASTM D1160 - 2015 标准及 GB/T 9168 - 1997;实验温度范围:室温~ 400℃;温度表示单位:0.1℃;温度检测:特制铂电阻传感器。

2. 馏出速度:2~9 mL/min,可按 0.5 mL 为单位选择;馏出速度控制方式:PID 调节;程序控制方式:微机控制。

3. 接收器温度范围:室温~80℃;冷凝管温度范围:30~90℃。

4. 初馏点及液面检测:光电检测,测量接收器中回收的液体体积。

5. 真空压力调节:PID 调节;精度:±1%。

6. 蒸馏条件设定:菜单选择式,菜单数有 20 个;压力换算:通过计算机自动换算。

7. 冷凝管加热:电加热方式;冷阱冷却:压缩机制冷方式;加热:镍铬丝加热管 AC - 220 V, 1 kW;加热器冷却方式:强制性风冷。

8. 实验结束条件,以下 3 个条件可供选择:① 终点时试验结束;② 到指定温度时试验结束;③ 到指定馏出量时试验结束。实验结束报知:实验结束后 5 min,蜂鸣器鸣叫(10s),再冷却 10 min 后打印机将实验条件、实验数据打印出来。

9. 异常情况表示:报警器鸣叫,显示屏上显示故障内容。

10. 电源:AC - 220 V,50/60 Hz,1 500 W;尺寸/质量:700(W)mm×750(D)mm×580(H)mm, 约 75 kg。

四、操作步骤

1. 前期准备

（1）取样：若样品含水，必须进行脱水处理。将样品加热到 80℃，然后加 10～15 g 的 8～12 目筛孔的熔融氯化钙，并强烈地搅拌 10～15 min。停止搅拌，冷却混合物，用倾析法取出油层。

在接收器温度下，测样品的密度，根据样品的密度确定 200 mL 试样的质量，精确到 0.1 g。将试样称量至蒸馏烧瓶中。为了防止样品暴沸，可在蒸馏烧瓶中加入干燥的瓷片碎块。

将蒸馏烧瓶的温度计套管底部放一些硅油，将温度传感器插入底部。在温度计套管顶部用一束玻璃纤维将温度传感器固定。

（2）开机及连接仪器：打开电脑，用数据线把电脑与仪器连接。然后打开"全自动减压蒸馏试验监控系统"，查看系统状态中，仪器是否与电脑成功连接。

（3）确认水循环：将制冷器的入水口接入水源或插进水龙头，把出水口引向水斗（如有冷凝积液，需要清除）。

（4）量筒室的调整：将引流片塞入量筒内，再把量筒放入接收器室，观察旁边的指示灯，如果常亮不闪烁为正常。

（5）检查气密性：将蒸馏烧瓶放在加热器上，将温度传感器放入蒸馏烧瓶的温度计套管内，然后在蒸馏玻璃容器的各个连接处涂抹极少量真空硅脂以增加气密性，并用专用夹具夹紧。

2. 实验步骤

（1）点击系统状态一栏的"快速设定"，然后点击"模型选择"。选择与试样相应的模型，再点击"确认"。

（2）点击"真空恒定"，达到蒸馏所需要的压力为止（此时，关闭"真空恒定"，观察精密压力表上的读数，如果只有很小回升，属于正常范围）。

（3）等压力达到要求后，按下"试验启动"。如果实验有暴沸或多气泡的倾向，可以在试样中加入沸石或干燥的瓷片碎块。使馏出物以 6～8 mL/min 均匀的速度进行。在蒸馏刚开始时达到这个速度是相当难的，但在回收 10% 馏分后应该达到这个速度。当接收器收集初馏点和回收体积分数为 5%、10%、20%、30%、40%、50%、60%、70%、80%、90%、95% 以及终点的馏出物时，仪器记录相应的蒸气温度、时间和压力。蒸气最高温度达 350℃ 以上要停止蒸馏。蒸馏烧瓶在低于 1 kPa 压力下，350℃ 以上加热很长时间也可能造成其热变形。如有变形，此蒸馏烧瓶在用完后应丢掉，再换一个新的石英蒸馏烧瓶。

（4）在实验中，如有报警，应该及时根据报警提示，排除错误并按下设备复位，并重新再做实验。

（5）蒸馏结束，仪器将自动进入冷循环。当温度降到 100℃ 以下时，蒸馏压力逐渐增大到大气压力，移出蒸馏烧瓶和接收器进行清洗。

（6）放置另一个接受瓶和一个已装入适量环己烷的蒸馏烧瓶，在常压下蒸馏来清洗仪器。

清洗结束后，拆下蒸馏烧瓶和接受瓶，并用温和的空气流或氮气流干燥。

（7）收集冷阱内所有物质，在室温下回收、测量并记录冷阱内的轻质产品的体积。

五、数据处理

启动"全自动减压蒸馏试验监控系统"，试验结果显示，可以选择数据库，当前数据库试验结果列表显示当前数据库里所有试验结果的试验编号，选择其中任意一个试验编号后，右边的试验结果表格内自动显示当前选择试验编号的试验结果。

仪器将记录油品的初馏点、终馏点等蒸气温度，并自动换算成常压等同温度，绘制出回收体积分数与常压等同温度相关的曲线。分析曲线与温度变化的关系及意义。

六、思考题

1. 测定馏程为什么要严格控制加热速度？
2. 试样中有水，馏程测定前要进行脱水的原因是什么？
3. 馏程测定的影响因素有哪些？

第四篇

能源转化系统及其仿真实验

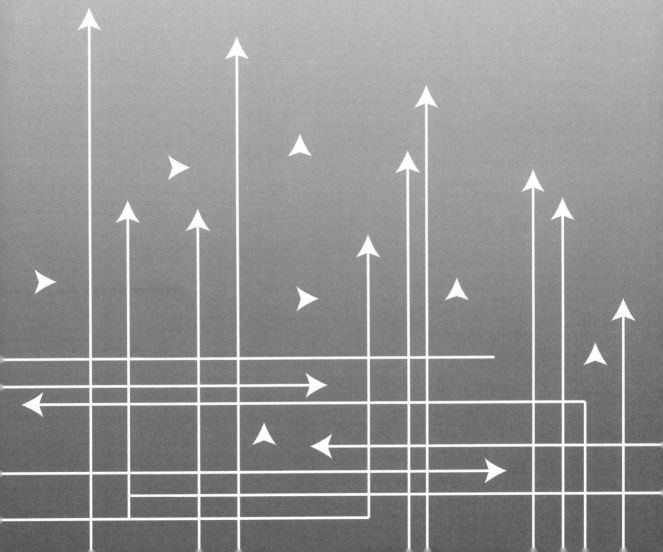

实验二十八　多喷嘴对置式水煤浆气化装置虚拟现实

一、实验目的

学习煤气化系统配置、煤气化工艺的基本原理、关键设备结构及工作原理、关键阀门结构及工作原理、关键仪表结构及工作原理；了解多喷嘴对置水煤浆工业装置的主要流程和设备，展示三维流程和模型、三维设备内外结构、主要的控制阀门仪表，以及关键设备内部的温度场和流场；掌握工艺过程及关键知识点，并熟悉设备使用说明。

二、实验原理

水煤浆气化是以纯氧和水煤浆为原料，采用气流床反应器，在加压非催化条件下进行部分氧化反应，生成以一氧化碳和氢气为有效成分的粗合成气的工艺。

水煤浆气化温度约为 1 300℃、压力约为 6.5 MPa(G)，在此高温下化学反应速率相对较快，而气化过程为传递控制。为此，通过四喷嘴对置、优化炉型结构及尺寸，在炉内形成撞击流，以强化混合和热质传递过程，并形成炉内合理的流场结构，从而达到良好的工艺与工程效果。各个单元作用如下：合成气的洗涤冷却单元为喷淋床与鼓泡床组成的复合床，具有良好的抑制合成气带水、带灰功能。合成气初步净化单元由混合器、旋风分离器、水洗塔组成，高效节能。黑水热回收与除渣单元核心设备是蒸发热水塔，采用蒸汽与返回灰水直接接触工艺，灰水温度高、蒸汽利用充分、耐堵渣，具有节能、长周期运行的优点。

本工艺在一对烧嘴停车或跳车状况下，另一对烧嘴可以维持运行，气化炉可维持 50%～60% 的负荷运行而无须停车；在此情况下，停运的烧嘴可以在操作压力下在线投料，从而大大提高气化炉抵抗波动的能力、降低气化炉停车概率，提高气化炉的有效生产时间和在线率。下面介绍工艺的各个组成部分。

1. 多喷嘴对置式水煤浆气化系统

水煤浆气化工艺是以纯氧和水煤浆为原料，采用气流床反应器，在加压非催化条件下进行部分氧化反应，生成以 CO、H_2 为有效成分的粗煤气。水煤浆气化压力一般为 4.0～6.5 MPa，温度约为 1 300℃，在此高温下化学反应速率相对较快，而气化过程速率为传递过程控制。

华东理工大学开发的多喷嘴对置式水煤浆气化技术由煤浆制备单元、气化及煤气初步净化单元和渣水处理单元三部分组成。气化炉是其中的关键设备，通过喷嘴对置在炉内形成撞击流,以强化混合和热质传递过程,达到良好的工艺与工程效果。

2. 煤浆制备及输送

磨煤系统的功能是制备满足工艺要求的水煤浆。经过计量后的煤、水、添加剂在磨煤机中湿磨至所要求的粒度分布,制得的煤浆浓度约为 60%(质量分数)。磨煤机中加入煤浆添加剂,以稳定煤浆、降低煤浆黏度。制浆用水为气化系统返回的冷凝液和滤液,以及甲醇精馏、低温甲醇洗等其他工艺的废水,新鲜水作为补充水。来自煤浆槽的煤浆,由两台容积泵加压后,分四路经煤浆切断阀进入工艺烧嘴。

3. 烧嘴及雾化

工艺烧嘴是气流床气化系统的关键设备,其作用是将气化原料加入气化炉内,使煤浆膜在高速氧气作用下雾化破碎成煤浆液滴,促进煤颗粒气化反应过程。喷嘴的雾化是典型的多相流体流动过程。

华东理工大学开发的水煤浆气化工艺烧嘴是一个三通道预膜式烧嘴,从内到外分别是中心氧气通道、煤浆通道、外环氧气通道,具有雾化性能好、压降低、寿命长等特点。

4. 火焰及撞击流

多喷嘴对置式气化炉采用四喷嘴对置布置,相邻两喷嘴间夹角为 90°。出烧嘴的四股物料发生剧烈的气化和燃烧反应,并在炉膛中心形成撞击火焰,其温度达 2 000℃以上。撞击后的火焰沿气化炉轴向向上和向下传播,由于拱顶对流场的限制作用,向上的撞击流股将发生折返并重新进入撞击区,并与撞击向下的撞击流股一起沿气化炉轴向向下传播,最终从锥底区离开气化室。生成的粗合成气为 H_2、CO、CO_2 及水蒸气等的混合物,煤中的未转化组分与煤灰形成灰渣。

5. 耐火砖

耐火材料作为气化炉最重要的组成元素之一,起到隔绝高温的作用。耐火砖由内向外可分为向火面耐火砖层、背撑层和隔热层。向火面耐火砖层为耐高温、耐侵蚀和耐冲刷的铬铝锆砖或高铬砖;背撑层主要起支撑炉内耐材的作用,采用铬刚玉砖;隔热层采用导热率低、隔热性能好的氧化铝空心球砖;为了提高气化炉的气密性和便于施工,在拱顶和锥底部位使用重质铬刚玉耐火浇注料。由于受到熔渣的侵蚀、磨损和气化操作条件等原因,耐火砖一般需在 3~24 个月内定期检测和局部更换。

6. 高温合成气和熔渣激冷分离

激冷室主要功能是将出气化室的高温合成气、液态熔渣进行激冷和分离。激冷室主要部件包括:激冷环、下降管、气泡分割器等。熔渣在激冷室底部水浴中激冷固化,由锁斗收集,定期排放。粗合成气在经多层横向分割器破泡洗涤后出激冷室。该激冷室采用喷淋和鼓泡床组合形式,具有良好的抑制合成气带水、带灰功能。

激冷室内是一个复杂的气液固传热、传质、相变、分离系统,涵盖了能源与动力工程中典型的流体力学、多相流体力学、传质与分离等学科知识。

7. 合成气初步净化

出气化炉洗涤冷却室的湿合成气中含有细灰、水雾,为实现出水洗塔合成气中含尘量低于 1 mg/Nm^3 的技术目标,应进行合成气的初步净化,即除尘、除雾。采用混合器、旋风分离器、水洗塔组合的高效、节能净化工艺。

含灰湿合成气在混合器内与雾化后的低温灰水接触后发生冷凝相变,通过液滴包裹实现飞灰颗粒的聚并和长大;然后通过旋风分离器对合成气中的液态水与细灰颗粒进行离心分离;最后通过水洗塔塔盘对合成气进行降温、减湿(相变)、除尘,达到合成气的除尘要求。这是能源化工领域典型的多相流动与分离的反应。

8. 渣水处理

来自气化炉及煤气初步净化系统的渣水分别减压后,导入渣水处理系统,渣水首先进入蒸发热水塔蒸发室。蒸发室内的渣水大量汽化,溶解在水中的酸性气体同时解吸。蒸发室产生的蒸汽进入热水室与循环灰水直接接触换热,使灰水得到最大程度的升温。蒸发室底部含固量得到增浓的液相产物再进行低压闪蒸和真空闪蒸,进一步降低渣水温度和浓缩渣水的含固量,将酸性气体完全解吸。

渣水处理单元核心设备是蒸发热水塔,采用蒸汽与返回灰水直接接触工艺,具有灰水温度高、蒸汽利用充分、耐堵渣、节能、运行周期长等优点。

9. 仪控系统

气流床气化工艺具有高温、高压、高氧、多相流动混合等特性,因此对自控系统的要求比较高。多喷嘴对置式水煤浆气化工艺系统的自动控制系统包括:操作使用的 DCS 系统、安全仪表系统(SIS 系统)。DCS 主要用于常规回路的控制调节和排渣系统的程序控制,比如要控制气化炉的液位,在 DCS 上就通过气化炉黑水出口管线的流量调节阀实现液位的串级调节。SIS 系统用于气化炉的安全连锁逻辑控制,包括开、停车,工艺中与系统安全有关的关键参数的控制。比如,气化炉开、停车时,煤浆管线上的切断阀、氧气管线上的切断阀的动作顺序全部由 SIS 系统控制和执行。另外当系统关键控制偏离正常操作状态而涉及装置设备安全时,SIS 控制系统也将触发系统的停车或停一对烧嘴等程序,当气化炉液位、合成气出口温度、烧嘴冷却水等参数偏离正常值而达到危险值时,SIS 系统启动执行停车程序。

10. 带压连投

带压连投是指气化炉正常运行时,一对烧嘴跳车(该对烧嘴跳车的原因明确,且跳车原因不是烧嘴本身损坏的原因),另一对烧嘴运行,跳车故障处理完毕后,跳车烧嘴再投入运行的操作。

一对烧嘴跳车后,控制室操作人员应立即报告,同时减小运行烧嘴的氧气流量,防止气化炉超温。一对烧嘴跳车后,系统压力会降低,控制室应根据系统实际情况将系统调整到稳定状态,避免压力大幅度波动。

三、实验设备

实验所需手柄的各个功能键介绍如图28-1所示。

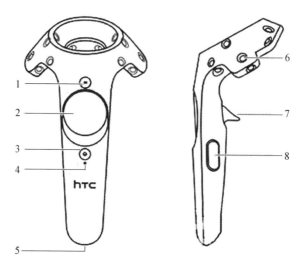

图 28 - 1　手柄功能键介绍

1—菜单键;2—触控板;3—开关键;4—指示灯(白色/绿色代表正常运行;红色代表低电量);
5—充电口;6—追踪点;7—扳机键;8—握持键(手柄分左右手)

四、实验步骤

1. 手柄按键操作

圆盘按键和扳机键的位置如图28-2和图28-3所示。

图 28 - 2　圆盘按键

图 28 - 3　扳机键

2. 功能选择

按住右手手柄的圆盘按键,可调出区域移动功能菜单。在按住的前提下,滑动手指可以选择对应区域的菜单按钮,被选中的菜单按钮会呈现白色高亮状态(图 28-4)。松开手指即可移动到选中菜单按钮提示文字所对应的场景区域(图 28-5)。

图 28-4　根据文字提示选中 UI　　　　　图 28-5　选择气化炉功能移动后的位置

菜单功能包含:煤气化系统概述、气化炉、煤浆制备、合成气初步净化、渣水处理以及取消(不做任何处理)。

3. UI 交互操作

移动到指定设备前方后,会出现几个凭空而立的菜单按钮(图 28-6)。将右手手柄前端指向该菜单按钮,会射出一条射线(图 28-7),此时按下扳机键即可查看文字提示对应的各种效果,以展示水洗塔剖面效果为例(图 28-8)。

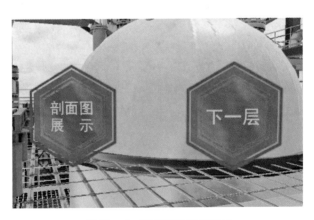

图 28-6　剖面菜单按钮展示

图 28 - 7　选中剖面展示按钮

图 28 - 8　展示剖面效果

4. 挑选部分设备进行近距离查看

对于剖面展示中的部分设备部件可以进行近距离查看。将右手手柄前端指向想要查看的设备部件,手柄会射出一条射线(图 28 - 9),此时按下扳机键即可在手柄位置生成一个迷你版的相同设备部件,并且附有文字说明。再次松开右手手柄扳机键,迷你版的设备部件及其文字说明等全部消失,以耐火砖为例(图 28 - 10)。

图 28 - 9　锁定特殊装置配件

图 28 - 10　获取迷你版特殊装置配件

5. 对近距离查看的设备进行放大缩小

在右手手柄处存在迷你版设备部件的前提下,移动左手手柄触碰迷你设备部件,此时按住左手手柄的扳机键并远离(靠近)右手手柄,根据两个手柄之间的距离即可放大(缩小)迷你版设备部件,以耐火砖为例(图 28 - 11、图 28 - 12)。

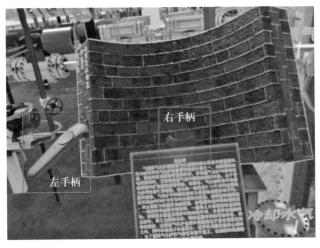

图 28 - 11　放大　　　　　　　　　　图 28 - 12　缩小

6. 移动

按住左手手柄的圆盘按键,左手手柄会射出一条抛物射线,射线落地点会出现一个圆环光圈(图 28 - 13)。如果圆环光圈呈绿色则表示可以移动,如果呈红色则表示不可移动。再次松开左手手柄的圆盘按键,即可移动到绿色光圈所在的位置(图 28 - 14)。

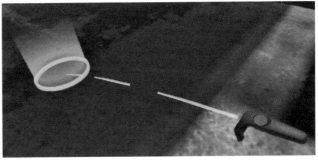

图 28 - 13　无法移动区域　　　　　　图 28 - 14　可以移动区域

五、思考题

1. 阐述喷嘴雾化过程。
2. 阐述激冷室的系统组成。
3. 阐述合成气初步净化过程。

实验二十九 燃气蒸汽联合循环电站仿真

一、实验目的

通过 9E 燃气蒸汽联合循环电站仿真系统的模拟操作,对燃气轮机的工作原理、设备结构、运行操作等方面进行全方位认识,增强知识应用能力和实际操作能力。

二、基本原理

燃气蒸汽联合循环发电技术是由燃气轮机发电和蒸汽轮机发电叠加组合起来的联合循环发电装置。天然气发电的流程为:加热后的天然气进入燃气轮机的燃烧室,与压气机压入的高压空气混合燃烧,产生高温高压气流,推动燃气轮机旋转做功。从燃机排出的气体(温度高达 600℃)仍然具有很高的能量,将其送到锅炉,把水加热成蒸汽推动蒸汽轮机,带动发电机发电。

燃气轮机是以连续流动的气体为工质带动叶轮高速旋转,将燃料的能量转变为有用功的内燃式动力机械。具体来说,燃气轮机是利用气体作为工质在燃烧室里燃烧,将燃料的化学能转变为气体的内能。在喷嘴里,气体的内能转变为气体的动能,燃气高速喷出,冲击叶轮转动。燃气轮机构由空气压缩机、燃烧室、燃气透平系统三大部分组成。

空气压缩机(压气机)负责从周围大气中吸入空气,增压后供给燃烧室。为了生成高压空气,压气机装有多级叶轮,若干叶轮固定在压气机的转轴上构成压气机转子,转子上的叶片称为动叶,每两级动叶之间有一组静止的叶片,称为静叶。

燃烧室由外壳与火焰筒组成,在外壳端部有天然气入口,在火焰筒尾部连接过渡段,在燃烧室内装有燃料喷嘴。喷入的天然气与压气机压入的空气在燃烧室火焰筒里混合燃烧。燃烧使气体剧烈膨胀,生成高温高压燃气,从燃烧室过渡段喷出,进入透平做功。

燃气透平系统也称为燃气轮,从燃烧室喷出的高压燃气推动透平叶轮旋转,把燃气的内能转化为透平的机械能。燃气推动旋转的叶轮上的叶片称为动叶,在每级动叶的前方还安装一组静止的叶片(静叶),静叶起着喷嘴的作用,使气流以最佳方向喷向动叶。一组静叶加一组动叶为透平的一级。为了充分利用燃气的热能,透平一般为 3 级或 4 级。

余热锅炉包括上升管、汽包、下降管。其基本原理为:把水注入汽包,水便灌满上升管管簇与下降管,把水位控制在靠近汽包中部的位置。当高温燃气通过管簇外部时,管簇内的水被加热成气水混合物。由于下降管中的水未受到加热,管簇内的汽水混合物密度比下降管中的水小,在下联箱形成压力差,推动上升管内的气水混合物进入汽包,下降管中的水进入上升管,形成自然循环。

三、实验装置

本实验的装置为 9E 燃气蒸汽联合循环电站仿真系统。仿真系统软件是以基本物理原则为基础,以实际机组的资料为依据,采用图形化建模方式完成。所建模型精度高,能完整地描述机组的静态和动态的全过程,包括从辅机投运、点火、升温、升压、暖机等各种工况下的启动、并网、升负荷以及正常停机和各种事故现象。

四、实验步骤

1. 完成电气送电

2. 开就地门

（1）余热锅炉就地门
（2）汽轮机就地门
（3）燃气轮机就地门

3. 余热锅炉、汽轮机就位

（1）循环水、工业冷却水投入
（2）各部上水
（3）汽轮机油系统投入

4. 投入燃气轮机增压级

5. 启动燃气轮机

（1）盘面检查
（2）燃机升速
（3）燃机并网
（4）升负荷至 30 MW

6. 汽轮机带负荷

（1）余热锅炉启压
（2）投轴封、抽真空
（3）投入汽轮机旁路
（4）汽轮机冲转
（5）汽轮发电机并网
（6）带初负荷

7. 燃气轮机、汽轮机升负荷

（1）投入低温加热器、给水加热器

（2）投入低压补汽

（3）燃气轮机、汽轮机满负荷

五、思考题

1. 燃气轮机与航空发动机的区别与联系分别是什么？

2. 影响燃气轮机效率的主要因素有哪些？

参 考 文 献

［1］李艳红,白宗庆.煤化工专业实验［M］.北京：化学工业出版社,2019.

［2］张双全.煤化学［M］.5版.徐州：中国矿业大学出版社,2019.

［3］［俄罗斯］A.м.久利马里耶夫,［俄罗斯］г.С.戈洛温,［俄罗斯］T.г.格拉顿.煤化学理论
基础［M］.北京：化学工业出版社,2020.

［4］解维伟.煤化学与煤质分析［M］.2版.北京：冶金工业出版社,2020.

［5］伏军,邓清方.能源与动力工程专业实验指导书［M］.北京：中国水利水电出版社,2022.

［6］陈姝,陈嘉澍,沈向阳.能源与动力工程专业实验指导手册［M］.哈尔滨：哈尔滨工程大学
出版社,2023

［7］仝永娟.能源与动力工程实验［M］.北京：冶金工业出版社,2016.

［8］金秀慧,孙如军.能源与动力工程专业课程实验指导书［M］.北京：冶金工业出版社,2017.

［9］陆强,李凯,赵莉.生物质燃料特性分析测试实验教程［M］.北京：中国水利水电出版社,
2021.

［10］宋泾舸.热能工程实验与实践教程［M］.北京：科学出版社,2016.

［11］苏桂秋.电厂热能动力工程实验［M］.北京：中国电力出版社,2023.